U0958328

高等学校规划教材

冶金设备课程设计

朱　云　徐瑞东　主编

北　京
冶金工业出版社
2010

内 容 简 介

本书重点介绍典型冶金过程中常见设备的设计目的、原理、内容及方法，每一个主要设备的设计都用实例来说明计算。全书共分13章，详细介绍了散料输送设备设计、流体输送管路设计、换热器设计、搅拌装置设计、固液分离设备设计、萃取设备设计、蒸发设备设计、电解与电积设备设计、干燥设备设计、焙烧与烧结设备设计、熔炼设备设计和收尘设备设计。

本书为高等学校冶金设备课程设计的规划教材，亦可供冶金行业从事科研设计的工程技术人员参考。

图书在版编目(CIP)数据

冶金设备课程设计/朱云，徐瑞东主编. —北京：冶金工业出版社，2010.6

高等学校规划教材

ISBN 978-7-5024-5130-1

Ⅰ. ①冶…　Ⅱ. ①朱…　②徐…　Ⅲ. ①冶金设备—课程设计—高等学校—教材　Ⅳ. ①TF3

中国版本图书馆CIP数据核字(2010)第101469号

出 版 人　曹胜利
地　　址　北京北河沿大街嵩祝院北巷39号，邮编100009
电　　话　(010)64027926　电子信箱　yjcbs@cnmip.com.cn
责任编辑　王　优　宋　良　美术编辑　李　新　版式设计　孙跃红
责任校对　石　静　责任印制　牛晓波
ISBN 978-7-5024-5130-1
北京百善印刷厂印刷；冶金工业出版社发行；各地新华书店经销
2010年6月第1版，2010年6月第1次印刷
787 mm×1092 mm　1/16；8.5印张；224千字；127页
19.00元

冶金工业出版社发行部　电话：(010)64044283　传真：(010)64027893
冶金书店　地址：北京东四西大街46号(100711)　电话：(010)65289081
(本书如有印装质量问题，本社发行部负责退换)

前　言

本书为高等学校冶金工程专业"冶金设备基础"课程的实践教学教材，是为冶金设备课程设计教学而编写的设计指导书，可与《冶金设备》（冶金工业出版社，2009 年出版）一书配套使用。书中介绍了冶金过程中典型设备设计的原理和方法，并对有关方案的确定以及设备的选型进行了介绍。

目前，有四种课程设计的理论取向值得重视：(1) 学科取向的课程设计理念——强调知识体系；(2) 学生取向的课程设计理念——强调学生的需要、兴趣与能力；(3) 社会取向的课程设计理念——分成社会适应与社会重建两种观点；(4) 科技取向的课程设计理念——以职业岗位工作需要为导向，培养敬业能力。本书兼顾上述四个方面，用实例说明了课程设计的取向。

本书重点介绍典型冶金过程中设备设计的目的、原理、内容及方法，全书共分 13 章，介绍了课堂教学所涉及的冶金设备的计算。本书在编写过程中，注意吸收多年来在冶金设备课程设计教学中的经验和成果，力求设计内容精练，按照学科的发展和认识规律，以具体的设计实例或学生设计说明书样本编排章节，便于教与学。其目的在于启迪思维、增强工程观念和创新意识；尽量由浅入深、循序渐进、层次清晰、难点分散、理论联系实际，力求概念准确、论述严谨，可读性强。在内容设计上兼顾流体流动（附属设备，如泵等的选择、计算）、传热（冷却器、再沸器、加热器、冷凝器等的选择、计算）与传质（萃取器、蒸发器等的选择、计算）的一体化。

本书由昆明理工大学朱云、徐瑞东任主编，参编的还有昆明理工大学沈庆锋。具体的编写工作为：第 3 章由沈庆锋编写，第 5 章、第 8 章、第 9 章和第 13 章由徐瑞东编写，其余各章均由朱云编写。此外，昆明理工大学谢蕴国、普靖中、王晓丹等对本书的编写提供了宝贵建议，王晓丹还参与了本书的校核工作，编者在此表示衷心感谢。

由于编者水平所限，书中如有不妥之处，希望广大读者提出宝贵的意见，在此表示深切的谢意。

编　者

2010 年 1 月

目　录

1 绪　论

关于课程设计的定义，有普拉特（Pratt）论和理性主义取向论。《简明国际教育百科全书》“课程”中对课程设计的定义为：“课程设计是指拟订一门课程的组织形式和组织结构”。还有学者认为，除了这些层次的课程设计外，还存在一个更微观的课程设计层次，并且不同层次的课程设计要受到不同因素的影响。“课程设计”使学习者理解教学系统设计理论的基本原理和技能；能运用教学系统设计原理和技能进行教学方案、教学软件的系统化分析、设计和评价；对教学设计理论与实践感兴趣，关注自身在学习方法、人际关系和项目管理方面技能的提高。

课程设计起源于新的教学体系。为了加强学生的动手能力，增加了课程设计实践环节。冶金设备课程设计就是让学生自己设计一个冶金设备，从“做”中学到设计一个冶金设备必须思考什么、做什么及怎么做。

课程设计是冶金工程专业学生在学完“冶金设备基础”课程后的一次综合性设计实践和基本训练。在冶金工业中广泛应用的诸如散料输送、电解、换热、萃取等冶金通用作业中，冶金设备与其他工业用的设备有很大不同，冶金设备的设计必不可少。冶金设备课程设计是为了把“冶金设备基础”及相关课程的理论知识在课程设计中综合地加以运用，把冶金工艺条件与冶金设备有机结合起来，巩固和强化有关机械课程的基本理论和基本知识。

冶金生产的物流量大，能耗也大，为节能减排，从经济和实用的角度考虑，课程设计要进行冶金反应器结构、尺寸、数量诸方面的计算；从安全和生产检修的角度考虑，课程设计还涉及设备附件、自动控制及安全操作内容。本课程设计包括12个冶金通用设备的设计，通过计算设备产能，确定设备的主体尺寸；并根据结构形式、受力条件和材料的力学性能、耐腐蚀性能等进行强度、刚度和稳定性计算，最后确定出合理的结构尺寸；同时还要考虑外载荷，包括内压、外压、设备自重及零部件的偏载载荷等。此外，课程设计还应该让学生知道设计的最新国家标准，训练学生查阅设计手册的能力。《冶金设备课程设计》一书为便于学习者从整体上把握课程的系统结构，在疑难问题、关键知识点上提供了多种形式和多个层次的学习资源。

1.1 概述

冶金设备课程设计是“冶金设备基础”课程教学中综合性和实践性较强的教学环节，是理论联系实际的桥梁，是使学生体会工程实际问题复杂性的初次尝试。通过冶金设备课程设计，要求学生能综合运用“冶金设备”课程和前修课程的基本知识，进行融会贯通的独立思考，在规定的时间内完成指定的冶金设计任务，从而得到冶金工程设计的初步训练；要求学生了解工程设计的基本内容，掌握冶金设计的主要程序和方法，培养学生分析和解决工程实际问题的能力；同时，还可以使学生树立正确的设计思想，培养实事求是、严肃认真、高度负责的工作作风。在当前大多以研究型为主的教学情况下，加强工程设计能力的训练和培养严谨求实的科学作风尤为重要。

课程设计不同于通常的作业，在设计中需要学生自己做出决策，自己确定方案、选择流程、查取资料、进行过程和设备计算，并要对自己的选择做出论证和核算，经过反复的分析比较，择优选定最理想的方案和合理的设计。所以，课程设计是培养和提高学生独立工作能力的有益实践。

1.1.1 课程设计的目的

课程设计的目的有以下几个方面：

(1) 课程设计培养学生熟悉查阅文献资料、搜集有关数据、正确选用公式的能力，理论联系实际的正确设计思想，分析和解决工程实际问题的能力。

(2) 课程设计培养学生综合分析设计任务的能力，使其能够确定冶金工艺流程，进行设备选型，并提出保证过程正常、安全运行所需要的检测和计量参数，同时还要考虑改善劳动条件和加强环境保护的有效措施。

(3) 课程设计培养学生准确而迅速地进行过程计算及主要设备工艺设计计算的能力。

(4) 课程设计培养学生用精练的语言、简洁的文字、清晰的图表来表达自己的设计思想和计算结果。

(5) 课程设计使学生巩固加深过去有关课程的理论知识，让学生联系实际来综合运用这些知识，培养学生正确的实践思路——辨证地分析问题、解决问题的思想方法。通过一个具体冶金设备的设计实践，培养学生从事设计工作的独立工作能力，学习工程设计的一般方法，能够运用设计资料和手册以及各种设计标准和图表、规范。

(6) 课程设计让学生接受冶金设备设计的基本功训练，如设计计算的训练、计算机应用的训练，用设计图纸表达设计思想的训练，冶金制图的基本训练，编写设计计算说明书及技术文件的训练，进行选型论证、撰写论证文章以及进行答辩的基本训练等。

1.1.2 课程设计的内容

课程设计围绕“冶金设备基础”理论课学习的内容进行，涉及冶金通用设备中散料输送设备设计、流体输送管路设计、换热器设计、搅拌装置设计、固液分离设备设计、萃取设备设计、蒸发设备设计、电解与电积设备设计、干燥设备设计、焙烧与烧结设备设计、熔炼设备设计和收尘设备设计。

冶金设备课程设计的内容包括：

(1) 设计准备。认真研究设计任务书，明确设计要求、已知条件、内容和步骤，查阅有关资料和参考图纸，准备设计需要的各种图书、资料和用具，拟定设计计划等。

(2) 设备类型、指标的选择与论证。根据任务书，结合国内外技术确定理想的设备类型；使用实际生产中可行、技术上比较先进的技术经济指标，包括流程选择、总体选型、主要工艺参数的确定以及主要部件的选型。

(3) 各类平衡计算。包括物料平衡、热量平衡或电解槽平衡的计算；对所设计设备的各参数、指示参数、有效参数进行计算，以便绘制出计算示意图，作为总体选型的依据。

(4) 设备主要结构计算与设计。对设备结构及选材进行论证，对主体设备的工艺尺寸及结构、各种材料的用量进行基本计算，如设备的功率计算、典型辅助设备的主要工艺尺寸计算和设备型号规格的选定。

(5) 设备操作制度的确定。

(6) 绘制设备图。包括设备连接图、管道系统图和主体设备图。设备连接图以单线图的形式绘制，标出主体设备和辅助设备的物料流向、物流量、能流量和主要冶金参数测量点，图上应包括设备的主要工艺尺寸、技术特性表和接管表等。

(7) 编写说明书。这是课程设计的总结，以技术文件的形式把设计的全部内容简练、清晰地写出，与横剖面总图或工作图一起构成课程设计的全部成果。

(8) 答辩。答辩是每一项设计的必经程序,也是评定课程设计成绩的最后一个环节。所完成的设计可行与否、质量如何、有何问题、有何优点,只有通过答辩才能确定。答辩与总图或零件图以及设计计算说明书一起构成确定课程设计成绩的依据。

1.1.3 课程设计的要求

课程设计是在教师指导下进行的,在整个设计过程中,提倡独立思考、深入钻研的学习精神和严肃认真、一丝不苟、有错必改、使设计精益求精的工作态度,反对不求甚解、照搬照抄、敷衍塞责、容忍错误的做法。

(1) 课程设计不同于求解习题,设计计算的依据和答案往往不是唯一的,故在确定设计方案或选用经验数据时,势必注意从技术上的可行性与经济上的合理性两个方面进行分析比较,一个好的设计应该进行多种方案的比较,必须通过反复多次设计计算方可得到。

(2) 在设计过程中,指导教师原则上不负责审核运算数字的正确性,因此,要求学生从设计一开始就必须以严肃认真的态度对待设计工作,要训练自己独立分析、判断结果正确性的能力。

(3) 整个设计是由论述、计算、绘图三部分组成的,所以,计算缺少相应论证或计算、绘图马虎草率的设计是不符合要求的。

(4) 在完成设计规定的基本要求的同时,可以酌情在某些方面加深、提高,如可以适当增加附属设备的设计计算内容、多查阅一些参考资料以充实方案的论证材料或增加使用计算机设计的内容等。

完整的冶金设备课程设计由说明书和图纸两部分组成。设计说明书中应包括所有论述、原始数据、计算、表格等,编排顺序如下:

(1) 标题页。

(2) 设计任务书。应附上或抄写设计任务书。

(3) 目录。将课程设计的主要项目写于说明书的第一页。

(4) 设计方案简介。根据设计任务简述所设计的设备在生产中的作用。

(5) 工艺流程及说明。工艺流程示意图,应说明选用该设备的理由、依据和优缺点,设计中遇到的特殊问题及解决方法。

(6) 工艺计算、主体设备设计计算及选型。根据所选定的设备形式和设计任务书所给定的条件,查阅参考资料进行工艺计算,包括热负荷、传热面积与排列方式的确定等。

(7) 辅助设备的计算及选型。包括各物流进、出口连接管尺寸的计算,电机及法兰的计算及选型。

(8) 设计结果概要或设计一览表。将工艺计算及结构设计的主要结果和主要尺寸列成表格表示出来。

(9) 对本设计的评述。设计说明书末应对本设计做出综合评论,一方面要指出本设计的特点,特别是有创造性的见解;另一方面,也要指出存在的问题和改进措施。

(10) 设备图(包括主体设备工艺条件图)。

(11) 参考文献。设计所引用的文献、书籍、科技杂志,均应列出名称、年份等,以便审阅者查对。

绘图的要求:

(1) 制图符合建标[2008]105 号中相应冶炼工程制图标准。

(2) 对于标准零部件(螺栓、螺母等)采用简化画法表示,但在零件明细表中应详细列出其名称、规格、数量、材料和标准号。

(3) 设备中的相同对称部分(如管束),通常只画出局部(几根管子),其余的部分(管子)用点划线表示。

(4) 若设备的壁厚尺寸与设备的直径、高度相差太大,在画图时可将壁厚适当夸大画出。设备壳体上各接管,在主视图上,可假设将这些管分别旋转到与正面投影面平行的位置再进行投影画图,但在管板布置图中要表达出各接管的实际位置。

1.2 课程设计的方法

课程设计是培养和提高学生独立工作能力的实践课程,由学生独立完成一个课题的设计,教师的作用是指导、答疑。课程设计不是课堂讲授,教师可根据设计课题的具体内容选择一些难点进行课堂讲解,适当补充讲授有关设备设计和计算的内容,帮助学生明确任务、掌握工程计算和设计方法,大部分设计内容应由学生独立完成。具体方法与步骤如下:

(1) 设计启动阶段。由指导教师下达设计任务,简要介绍设计内容、设计方法和设计要求,布置设计参考书及资料。

(2) 设计阶段。学生独立完成查阅技术资料和物性参数、选择设计方案、进行设计计算与优化、绘制设备工艺图、编写设计说明书等任务,教师随时给予指导和答疑。

(3) 设计答辩阶段。学生设计完成后,进行课程设计答辩。通过答辩,使学生对设计的方法和技能有进一步的认识和提高。

计算中应注意几点:(1) 凡设计计算所用的公式及数据均需注明来源;(2) 设备各结构件形状与尺寸的确定及材料的选择应尽量标准化;(3) 主要部件的结构应在说明书中用图示出;(4) 说明书中应详细书写设计计算的步骤。

冶金单元过程设备设计的内容主要包括:单元过程的方案和工艺流程设计、操作参数的选择、单元设备的工艺设计或选型、过程设备的机械结构设计、工艺设计技术文件的编制。冶金单元过程设备设计的基本过程如下:

(1) 单元过程的方案设计。单元过程的方案设计就是选择合适的生产方法和确定原则流程。在方案的选择过程中,应充分体现前述的基本原则,以系统工程的观点和方法,从众多的可用方案中筛选出最理想的原则工艺流程。单元过程的方案设计虽然是比较原则的工作,但却是最重要的基础设计工作,将对整个单元过程及设备设计起决定性的影响。该项设计应以系统整体优化的思想从过程的全系统出发,将各个单元过程视为整个过程的子系统,进行过程合成,使全系统达到结构优化,在这样的指导思想下选择单元过程的实施方案和原则流程。因此在一般情况下,单元过程方案和流程设计受整个过程结构优化的约束,甚至由全过程的结构决定。

(2) 单元过程工艺流程设计。单元过程工艺流程设计的主要任务是依据单元过程的生产目的,确定单元设备的组合方式。单元过程工艺流程设计应在满足生产要求的前提下,充分利用过程的能量集成技术,提高过程的能量利用率,最大限度地降低过程的能量消耗,降低生产成本,以提高产品的市场竞争力。另外,应结合工艺过程设计出合适的控制方案,使系统能够安全、稳定生产。

(3) 单元过程模拟计算。单元过程模拟计算的主要任务是,依据给定的单元过程工艺流程进行必要的过程计算,包括进行过程的物料平衡和热量平衡计算,确定过程的操作参数和单元设备的操作参数,为单元设备的工艺设计提供设计依据。进行该项工作常涉及单元过程参数的选择,应对单元过程进行分析,使单元过程达到参数优化,同时也应进行主要单元设备的工艺设计和选型,在此基础上进行单元过程的综合评价,不断地进行优化、选择,直至达到优化目标,实现单元过程的参数优化。

（4）单元设备的工艺设计。单元设备的工艺设计就是从满足过程工艺要求的需要出发，通过对单元设备进行工艺计算，确定单元设备的工艺尺寸，为进行单元设备的详细设计（施工图设计）或选项提供依据。此项工作也应与过程的模拟计算结合起来，同样存在参数优化的问题，需要进行多方案对比才能选择出较为理想的方案。

（5）绘制单元过程的设备连接图。一般情况下，冶金装置的设备连接图是按单元冶金过程顺序安排的，单元过程的工艺流程是作为全装置流程的一部分出现在全装置流程图中，因此，单元过程工艺流程图是绘制全冶金装置设备连接图的基础。

（6）工艺设计的技术文件。单元过程的工艺设计技术文件主要包括：单元过程流程图、工艺流程说明、工艺设计计算说明书、单元设备的工艺计算说明书及单元设备的工艺条件图。

1.3 课程设计基础

任何冶金工艺过程都是一个由不同的单元过程与单元设备按照一定的要求组合而成的进与出的过程，从工艺角度来说，工艺过程的每个环节与总的流程都有进口和出口；而从装备角度来说，各装备也必须有一个或多个进口与出口。因此，冶金设备设计是整个冶金过程与装备设计的核心和基础，并贯穿于所有冶金课程的始终，作为冶金类专业的本科生，能够熟练地掌握常用冶金单元过程与装备的设计方法无疑是十分重要的。

冶金设备课程设计是在学习了“高等数学”、“无机化学”、“物理学”、“理论力学”、“材料力学”、“机械制图”、“电工学”、“物理化学”、“冶金工程概论”、“冶金设备基础”课程后进行的综合训练。本课程设计的主要内容是运用“三传”过程原理，结合耐火和保温材料、设备腐蚀与防腐的有关知识，应用燃料和燃烧理论，将某一冶金主体设备作为设计对象，进行设计计算并标注尺寸等，对其选型、结构、工作原理及其辅助设备进行设计说明。课程设计是后续专业课的工程基础。

鉴于冶金设备课程设计的深度和时间所限，本课程设计仅涉及设备连接图、管道图和主体设备图。

1.3.1 课程设计的基本原则

设计是一项政策性很强的工作，课程设计也不例外，要求工程设计人员必须严格遵守国家的有关方针政策和法律规定以及行业规范，特别是国家的工业经济法规、环境保护法规和安全法规。由于设计本身是一个多目标优化问题，对于同一个问题可能有多种解决方案，设计者需要在相互矛盾的因素中进行判断和选择，做出科学合理的决策。一般应遵守如下基本原则：

（1）技术的先进性和可靠性。课程设计既是一种创造性劳动，也是一种特别需要严谨、科学的工作态度的工作，需要设计人员具有较强的创新意识和创新精神，具有丰富的技术知识和实践经验，掌握先进的设计工具和手段，尽量采用当前的先进技术，以提高生产装备的技术水平，使其具有较强的竞争能力；另外，应该实事求是、结合实际，对所采用的新技术要进行充分论证，以保证设计的可靠性、科学性。

（2）过程的经济性。获取最大的经济利润是生产者追求的目标，生产装备的设计者也应该以利用生产者较少的投资获取最大的经济利润为目标。在各种方案的分析对比过程中，其技术经济指标评价往往是最重要的决策因素之一。

（3）过程的安全性。使用或产生大量的易燃、易爆或者有毒物质是冶金过程的一个特点，在设计过程中要充分考虑到各生产环节可能出现的各种危险，并选择能够采用有效措施以防止发生危险的设计方案，以确保人员的健康和人身安全。

（4）清洁生产。冶金过程不可避免地要产生废弃物，国家对各种污染物都制定了严格的排放标准,如果产生的污染物超过了规定的排放标准,则必须对其进行处理,使其达标后方可排放。这样,必然会增加工程的投资和装置生产的操作费用。作为工程设计者,应该建立清洁生产的概念。

(5) 过程的可操作性和可控制性。冶金过程的可操作性和可控制性是冶金装置设计中应该考虑的重要问题,能够进行稳定、可靠的操作从而满足正常的生产需要,是对冶金装置的基本要求。另外,还应能够控制适应生产负荷以及操作参数在一定范围内的波动。

1.3.2 设备连接图

设备连接图是一种示意性图样,它以形象的图形、符号、代号表示出设备、管路附件和仪表自控等,用于表达生产过程中物料的流动顺序和生产操作程序,是技术人员进行工艺设计的主要内容,也是进行工艺安装和指导生产的主要技术文件。设备连接图应按本设计阶段采用的工艺流程图,简明画出各工序主要设备的形象及其连接关系。

设备连接图的内容有:将各设备的简单形状展开在同一平面上,再配以连接的主、辅管线及管件、阀门、仪表控制点的符号,称为图形;标注设备位号及名称、管段编号、控制点代号、必要的尺寸和数据等,称为标注;代号、符号及其他标注的说明,有时还有设备位号索引等,称为图例;标注图名、图号、设计阶段等,称为标题栏。

1.3.2.1 设备连接图的绘制

冶金设计常用设备连接图,化工设计常用带控制点工艺流程图,在此以设备连接图为主。

在绘制设备连接图时,比例一般采用1:100或1:200。当设备过大或过小时,可单独适当缩小或放大,在保证图样清晰的条件下,图形可不必严格按比例画。因此,在标题栏的“比例”一栏中不予以注明。图纸和表格中的所有文字均写成长仿宋体。

设备连接图中,工艺物料管道用粗实线,辅助物料管道和设备形象用中实线,其他相关说明用细实线绘制。主要物料用形象表示并标注其名称。凡包括在工艺设备连接范围内的外专业设备和构筑物,如废热锅炉、矿仓、烟囱等,在本图中均用实线画出简单形象。改建或扩建工程的原有设备用细实线绘制。某一过程有备用方案时,备用方案设备用中实线绘制,设备连接范围加细实线外框。设备图形不按比例绘制,用一个立面的简化图形表示,图形大小应相称。工艺过程中采用数台相同规格设备时,应按工序分别绘制。同一工序的相同设备只绘一个图形,用途不同时则按用途分别表示。同一张图纸上的相同设备用一种图形表示。设备之间用粗实线连接,以箭头表示线段走向,连接线应水平或垂直绘制;线段交叉时,后绘线段在交叉处断开。设备连接图的线宽度见表1-1。

表1-1 设备连接图中图线的画法

图 类	线宽/mm		
	0.9~1.2	0.5~0.7	0.15~0.30
设备连接图	主物料管道	辅助物料管道	其 他

设备连接图不列设备表或明细表,设备的名称、主要规格、数量直接标在设备图形旁,如ϕ800离心机3台标注为:

$$\frac{\text{离心机}-3}{\phi 800}$$

外专业设备和构筑物应标注名称、数量和专业名称,举例如下:

矿仓2座标注为: $$\frac{\text{矿仓}-2}{\text{土建专业}}$$

废热锅炉 1 座标注为：　废热锅炉 - 1 / 热工专业

1.3.2.2　设备连接图中设备的表示方法

设备的表示方法包括设备的画法和设备的标注。

(1) 图形。冶金设备在设备连接图上按比例用细实线绘制，画出能够显示形状特征的主要轮廓。对于外形过大或过小的设备，可以适当缩小或放大。常用设备的图形画法已标准化，具体请参见相关手册。设备图形也可按其实际外形和内部结构特征绘制，在同一设计中，同类设备的外形应一致。

(2) 相对位置。设备的高低和楼面高低的相对位置，一般也按比例绘制。例如，装于地平面上的设备应画在同一水平线上，低于地平面的设备应画在地平线以下；当有物料从上自流而下并与其他设备的位置有密切关系时，设备间的相对高度要尽可能地符合实际安装情况。对于有位差要求的设备，还要注明其限定尺寸。设备间的横向距离应保持适当，以保证图面布置匀称、图样清晰、便于标注。同时，设备的横向顺序应与主要物料管线一致，勿使管线形成过量往返。

(3) 标注的内容。设备在图上应标注位号和名称，设备位号在整个系统内不得重复，且在所有工艺图上的设备位号均需一致。设备位号的组成如图 1-1 所示。其中，设备分类代号请参见相关设计手册。

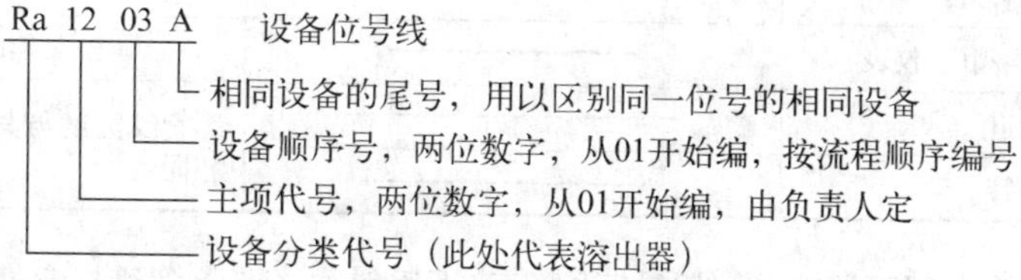

图 1-1　设备位号的编法

(4) 标注的方法。设备位号应在两个地方进行标注，一是在图的上方或下方，标注的位号排列要整齐，尽可能地排在相应设备的正上方或正下方，并在设备位号线下方标注设备的名称；二是在设备内或其近旁，此处仅注位号，不注名称。但对于流程简单、设备较少的设备连接图，也可直接从设备上用细实线引出，标注设备位号。

1.3.3　管道图

按照制图的特点和习惯，冶炼管道图分为湿法冶炼管道图和火法冶炼管道图。溶液管、酸碱管、真空管、矿浆管，工艺用的蒸汽管、压缩空气管、油管等以及管道的管件、附件，按湿法冶炼管道图的规定绘制管道图；如冶金炉的鼓风管道、烟气排送管道等及其附件，按火法冶炼管道图的规定绘制管道图。

湿法冶炼管道图包括车间（或工段）内部管道图、室外管道图。火法冶炼管道图包括车间（或工段）内部气管、水管和油管等管道布置图，室外烟道、烟囱和水管等管道图。

管道图由管道配置图，管道系统图，管道支架图及管件图组成。管道配置图表示管道的配置、安装要求和与相关设备的联系等，一般以平面图表示，当局部管道过密或联系复杂时，需绘制剖视图、剖面图、局部放大图等。管道系统图是与管道配置图对应的立体图，隶属管道配置图。管架图指非标准管架制造图，隶属管道配置图。管件图指非标准管件制造图，隶属管道系统图。

管道配置图的绘制以车间（或工段）配置图为依据，图面方向应与车间配置图一致。管道配置图和系统图中的管线，一律用单粗实线绘制，有关设备的示意图用细实线表示，各种管件和附件采用符合国家标准的示意符号。

管道多层配置时,一般应分层绘制平面图。每层平面图表示的内容与以上规定相同。如厂房过长,一端没有管道时,可将该部分厂房断开,只画与管道有关的部分。

管道系统图按45°斜二等轴测投影绘制。图中管道应根据疏密情况合理布置,设备示意图形应保持管道配置图中的大小关系及相对位置。

1.3.3.1　管道图的表示方法

(1) 管道的画法。管道系统图中一般应画出所有工艺物料管道和辅助物料管道及仪表控制线。有关的管道规定画法见表1-2。一般在管道上画出箭头表示物料流向。工艺物料管道均用粗实线画出;辅助管道、公用工程系统管道用中实线画出与设备(或工艺管道)相连接的一小段,并在此管段标注物料代号及该辅助管道或公用工程系统管道所在流程图的图号。对各流程图间衔接的管道,应在始(或末)端注明其连续图的图号(写在30 mm×6 mm的矩形框内)及所来自(或去往)的设备位号或管段号(写在矩形框的上方)。仪表控制线用细实线或细虚线绘制。

表1-2　管道系统图中管道的图例(HG/T 20519.32—1992)

名　称	图　例	备　注
工艺物料管道		粗实线
辅助物料管道		中实线
引线、设备、管件、阀门、仪表		细实线
原有管道		管线宽度与其相接的新管线宽度相同
可拆短管		

绘制管线时,为使图面美观,管线应横平竖直,不用斜线。图上管道拐弯处,一般画成直角而不是圆弧形。所有管线不可横穿设备,同时应尽力避免交叉,不能避免时,采用一线断开的画法。采用这种画法时,一般规定"细让粗";当同类物料管道交叉时应尽量统一画法,即全部"横让竖"或"竖让横"。

(2) 管道的标注。管道标注内容包括管道号、管径和管道等级三部分。其中,前两部分为一组,其间用短横线"-"隔开。管道等级为另一组,组间留适当空隙。管道标注内容见图1-2。

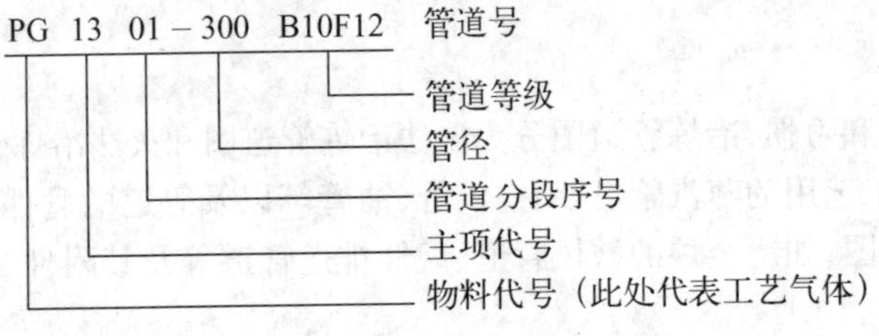

图1-2　管道标注

1.3.3.2　管道配置图及管道系统图的表示方法

管道配置图:包括输送的流体名称及流向,管道的坡向及坡度,管道、管件和附件的定位尺寸,管道的标高,管道材料及规格,管架编号,管段编号,有关设备名称和编号,管架表。

管道系统图:包括输送的流体名称及流向,管道的坡向及坡度,管道的标高及立管上管件和附件的标高,管道材料及规格,管段长度,管段编号,有关设备名称和编号,附管段编号表,管段材料表。

管道配置图及管道系统图中各项内容的具体表示方法如下：

(1) 管道号。管道号包括物料代号、主项代号、管道分段序号。常见物料代号见标准HG 20519.32—1992；对于无规定的物料，可采用英文代号补充，但不得与规定代号相同。主项代号用两位数字01、02…表示，应与设备位号的主项代号一致。管道分段序号按生产流向依次编号，采用两位数字01、02…表示。

(2) 管径。管径一般标注公称直径，有时也注明管径、壁厚。公制管径以mm为单位，只注数字，不注单位；英制管径以英寸为单位，需标注英寸的符号(如in)。但在标注公制管径时，必须标注外径×厚度，如PG0801-50×2.5。

(3) 管道等级。管道按温度、压力、介质腐蚀等情况，预先设计各种不同的管材规格，做出等级规定，如拜耳法生产氧化铝的温度270℃，管道工作压力5.4 MPa，苛性碱介质。在管道等级与材料选用表尚未实施前，可暂不标注。

(4) 管道标高标注法：管道标高以管中心标高表示。管道配置图和系统图中，管段的每一水平段的最高点(或控制点)标高为该水平段的代表标高。在系统图中，代表标高必须注在最高点(或控制点)处。立管上有管件、附件时，必须标注其安装标高。

(5) 管道标注方法：在管道配置图中，管道特征一般采用引线标注；当管道较少、管线简单时，可直接标注，但在同一张图中只能用一种标注方法。

(6) 管道标注位置：一般情况下，横向管道标注在管道上方，竖向管道标注在管道左侧。

当车间内部管道较少、走向简单时，在不影响配置图清晰的前提下，可将管道图直接绘在车间(或工段)配置图上，管段不编号，管道、管架、管件等编入车间(或工段)配置图的明细表中。管道连接的方法(如法兰、焊接等)不在管道图上表示，在附注栏或说明书中说明。管件和附件不在系统图上编号标注。

1.3.3.3 室外管道图

室外管道图表示有关车间(或工段)之间流体输送的关系和对管道的安装要求。室外管道图由平面图、局部放大图和剖面图组成。室外管道不绘制系统图。

室外管道图标注内容包括：输送的流体名称及流向；管道的坡向及坡度；管道、管件和附件的定位尺寸，管道水平和垂直间距；管架编号，支架、柱子轴线总平面坐标，柱子定位尺寸和跨距，支架的绝对标高；管段编号(由同种流体管道顺序号和流体符号组成)；管道进出车间(或工段)的外形轮廓和总平面坐标，车间零点标高处的绝对标高；管道附近的道路，较大的露天构筑物和设备的外形轮廓；必要的剖面图、局部放大图；此外，还应附上管架表、管段编号表、管段材料表。

填写管段编号表时，管段编号一般依工艺流程的先后顺序编排，先编工艺管道，后编辅助管道。管段编号分段方法是，管段的起止点可以由某设备到另一设备，可以由某设备到某一管段，可以由某管段到某设备，还可以由某管段到某管段。

管段分出的支管在原则上要单独编号，但当某一管段分出若干长度和规格相同的支管时，支管可以编同一个管段号；管道分出少数长度很短的支管时，支管与主管道可以编同一个管段号。

管道图中采用的符号应按本规定制成通用图例表，随管道图一并出图，或将本图中使用的管道符号放在管道配置图中(室外管道放在室外管道图中)。附注栏一般放在管道系统图上，注明管道设计的技术要求，例如，管道的试压、使用压力、防腐、保温、连接方式等要求以及制作安装中的其他要求，必要时可编制单独的管道施工说明书。

1.3.3.4 火法冶炼管道图

初步设计阶段车间(或工段)配置图，应表示出主要管道的位置及走向；施工图设计阶段，则需详细表示管道的配置和安装要求。当管道复杂时，应单独绘制管道安装图。

火法冶炼管道按机械投影关系绘制，管道在图中用双中实线表示。

火法冶炼车间内的油管、压缩空气管、蒸汽管、水管等管道，在原则上应按湿法冶炼管道图的绘制方法绘制，可以视管道复杂程度在车间（或工段）配置图或安装图中用单独的视图表示，也可将上述管道另绘管道图。

当火法冶炼配置图和安装图在一个视图中出现湿法冶炼管道时，在原则上应采用双中实线表示。管径相差悬殊、制图困难时，可以不按比例绘制。

管道有衬砖、保温、防腐等要求时，应绘制管道剖面图，标明材料和有关尺寸，并在附注中详细说明施工技术要求。

凡焊接加工的变径管、变形管、弯头，带弯头的直管、管架和其他管件等，均以部件标注；两连接件之间的直管、盲板、法兰、螺栓、螺母等，均以零件标注。

1.3.3.5 阀门与管件的表示方法

在管道上需用细实线画出全部阀门和部分管件的符号，并标注其规格代号。管件及阀门的图例已有标准，如法兰、三通、弯头及管接头等，若无特殊需要，均不予以画出。竖管上的阀门在图上的高低位置应大致符合实际高度。

1.3.3.6 仪表控制点的表示方法

工艺生产流程中的仪表及控制点以细实线在相应的管道上用符号画出，符号包括图形符号和字母代号，二者结合起来表示仪表、设备、元件、管线的名称及工业仪表所处理的被测变量和功能。

仪表控制由图形符号、字母代号和控制执行器组成。

(1) 图形符号。图形符号用一个直径约 10 mm 的细实线圆表示，并用细实线引到设备或工艺管道测量点上。常用流量检测仪表和检出元件的图形符号见表 1-3，仪表安装位置的图形符号见表 1-4。

表 1-3　流量检测仪表和检出元件的图形符号

序号	名　称	图形符号	备　注	序号	名　称	图形符号	备　注
1	孔板流量计		圆圈内标注仪表位号	3	其他嵌入管道的检测设备	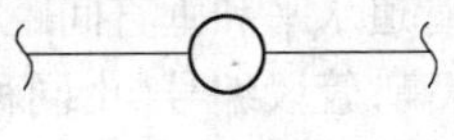	圆圈内标注仪表位号
2	转子流量计	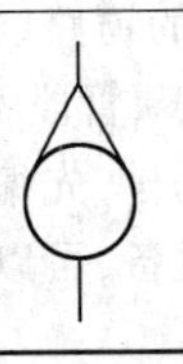		4	热电偶		

表 1-4　仪表安装位置的图形符号

序号	安装位置	图形符号	备　注	序号	安装位置	图形符号	备　注
1	就地安装仪表	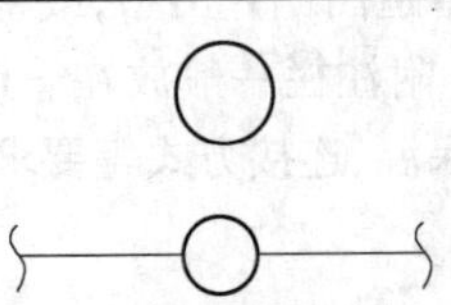	嵌在管道中	3	就地仪表盘面安装仪表	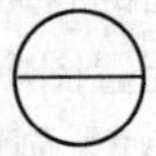	
				4	集中仪表盘面安装仪表		
2	集中仪表盘面安装仪表			5	就地仪表盘面安装仪表	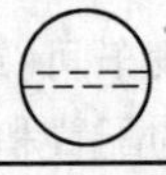	

（2）字母代号。字母代号表示被测变量和仪表功能，第一位字母表示被测变量，后继字母表示仪表功能。

（3）控制执行器。控制执行器的图形符号由调节机构（控制阀）和执行机构的图形符号组合而成，如对执行机构无要求，可省略不画。

本课程设计所要求绘制的内容比施工图设计阶段的要简单些，只要求对主要和关键设备进行较详细的设计；对自控仪表方面的要求也比较低，画出过程的主要控制点即可。

在设备工艺计算完成后，要填写设备的条件图表，其中包括设备简图、技术特性和接管尺寸。

1.3.4　主体设备图

一个主体设备图（装配图）一般应包括如下内容：

（1）视图。根据设备复杂程度，采用一组或若干组视图，从不同的方向清楚地表示出设备的主要结构形状和零部件之间的装配关系。视图采用正投影方法，按国家建标 2004 中冶金相关标准的要求绘制。视图是图样的主要内容。

（2）尺寸。图上应标注必要的尺寸，作为设备制造、装配、安装检验的依据。这些尺寸主要有表示设备总体大小的总体尺寸、表示规格大小的特性尺寸、表示零部件之间装配关系的装配尺寸、表示设备与外界安装关系的安装尺寸。标注这些尺寸时，除数据本身要绝对正确外，标注的位置、方向等都应严格按规定来处理，如尺寸线应尽量安排在视图的右侧和下方，数字应在尺寸线的左侧或上方；不允许注封闭尺寸，参考尺寸和外形尺寸例外；尺寸标注的基准面一般从设计要求的结构基准面开始，并应考虑所注尺寸要便于检查。

（3）零部件编号及明细表。将视图上组成该设备的所有零部件依次用数字编号，并按编号顺序在明细栏（在主标题栏上方）中从下至上逐一填写每一个编号零部件的名称、规格、材料、数量、质量及有关图号或标准号等内容。

（4）管口符号及管口表。设备上所有管口均需用英文小写字母依次在主视图和管口方位图上对应注明符号，并在管口表中从上至下逐一填写每一个管口的尺寸、连接尺寸及标准、连接面形式、用途或名称等内容。

（5）技术特性表。技术特征表即用表格形式表达设备制造检验的主要数据。

（6）技术要求。技术要求即用文字形式说明图样中不能表示出来的要求。

（7）标题栏。标题栏位于图样右下角，用以填写设备名称、主要规格、制图比例、设计单位、设计阶段、图样编号以及设计、制图、校审等有关责任人签字等内容。

主体设备装配图的绘制方法和步骤大致如下：

（1）选定视图表达方案、绘图比例和图面安排；

（2）绘制视图底稿；

（3）标注尺寸和焊缝代号；

（4）编排零部件编号和管口符号；

（5）填写明细栏、管口表、制造和检验主要数据表；

（6）编写图面技术要求、标题栏；

（7）全面校核、审定，画剖面线后描重；

（8）编制零部件图。

以上是一般绘图步骤，有时每步之间可相互穿插。

1.4　设备设计的最优化

冶金设备设计中，某些设计参数，如设备直径、高度、操作条件（温度、压力、流量、组成、搅拌速度等）对其生产效果（如产量、质量、消耗、操作费用等）有重大影响。设计人员应寻求这些参数的最佳值，以获得最好的生产效果，这就是设计的最优化。

最优化已发展为一门重要的学科。根据课程需要，在此仅介绍最基本的最优化概念，更深入的内容请详见其他专著。解决最优化问题通常的步骤是：

（1）确定优化目标。首先要选择适当范围的优化对象，如某单元过程或设备，然后明确优化目标。目标可以是提高产量和质量，降低消耗，或是减少投资和运行费用、降低成本等。

（2）建立优化目标与其影响因素（自变量）之间的数学模型。现以四氯化锗精馏设备最优化回流比的确定为例进行说明。

四氯化锗精馏加工的费用取决于其生产消耗和基建投资折旧费。运行中的消耗有加热蒸汽和冷却水的费用；基建投资包括精馏塔、冷凝器、再沸器的基建费用，它取决于这些设备的总重。众所周知，汽、水用量和设备质量都和回流比有关（与回流比无关的人工费等暂不考虑）。

基建投资折旧费为：

$$E_1 = (W_{塔} \cdot C_{u塔} + W_{冷} \cdot C_{u冷} + W_{沸} \cdot C_{u沸}) \times 折旧率 \tag{1-1}$$

式中　W——设备质量，t；

　C_u——设备、物料单价，元/t。

折旧率通常在10%～14%之间取值。

操作动力费用为：

$$C = (R+1)D \cdot a_1 \cdot C_{u沸} + (R+1)D \cdot a_2 \cdot C_{u水} \tag{1-2}$$

式中　R——回流比；

　D——馏出液量，kg/h；

　a_1, a_2——计算系数。

精馏加工费用为：

$$S = E_1 + C \tag{1-3}$$

精馏塔的直径、高度、质量，冷凝器、再沸器的传热面积、质量都是 R 的函数，可按冶金原理课程中所述方法计算，最后可归纳为：

$$S = f(R) \tag{1-4}$$

这就是精馏加工费用和回流比的数学模型。这是个单自变量的问题，实际过程中还有多自变量的问题。除以上关系之外，各变量之间有时还受某种函数关系的约束，例如，各组分组成之和为100%，汽液平衡体系中的温度、压力、组成必须遵从一定的关系等，所以，数学模型又可分为有约束问题与无约束问题两类。

总之，利用冶金基本规律和技术经济指标可以针对某一优化目标，建立最优化的基础数学模型。

（3）求解数学模型。求解数学模型是用数学方法（最优化方法）计算出使优化目标达到极小（或极大）值的自变量值，即最优参数值，如数学模型具有较简单的函数关系，可采用解析法（即求得目标函数的导数，令该导数为零，然后求得自变量值）。在许多情况下优化数学模型较复杂，有时甚至不能得出明确的数学模型，为此又发展了一系列的方法，关于这些方法，可参见有关教材和专著。

2 散料输送设备设计

冶金工厂的精矿、浸出渣和焙烧矿的运送是冶金过程的重要环节。冶金散料输送设备有机械输送类型和气力输送类型,相应的子分类可参考配套教材《冶金设备》中的1.2节。其中,带式输送机在冶金工厂的应用最为广泛,无论是钢铁厂烧结矿、球团矿的运送还是炼锌厂硫化锌精矿的上料,或者是氧化铝厂铝土矿的运输,随处可见带式输送机在散料运输过程中发挥着重要作用。

带式输送机主要由电动机、减速器、卷筒(或摩擦轮)、制动系统、指示系统、测速限速系统和操纵系统等组成,采用交流或直流电机驱动。课程设计可以对带式输送机的整个系统进行设计,也可以只针对带式输送机的动力系统(电动机、减速器、卷筒)进行设计。本章以机械输送中带式输送机的设计为例进行设计说明。

2.1 散料输送设备选型

冶金工厂通常用强力带式输送机完成矿石、煤及辅助原料的输送任务。输送机能否安全、可靠地运行,将对生产产生直接影响。因此,所设计的带式输送机在满足运输参数要求的同时,要求其具有较高的运行可靠性,还要经济合理。

连续输送机选型设计的基本原则是满足生产与工艺要求。在选型设计时,应符合被输送物料的特性、输送量、输送线路以及现场的具体条件和要求,并考虑到以下几项具体原则:

(1) 先进性和可靠性。应采用国内外先进技术,使输送机结构先进、性能可靠、便于操作和维护,便于程序化和自动化控制。

(2) 合理性和经济性。应在满足工艺的条件下,使输送机投资少、能耗低、效率高、维修简便。

(3) 安全性和环保性。应使输送机能保障操作工的安全、健康以及保证物料的质量,避免粉尘、噪声等污染环境。

在具体设计时,除了设备投资等经济因素外,还应考虑到以下几方面:

(1) 输送物料的种类和特性。因各种输送机都受到自身工作原理、机构特点的制约,不能对所有物料输送都适应。因此,被输送物料的种类和特性对选型设计很重要,不仅关系到输送机主要参数的确定、结构设计和零部件材料的选择,而且关系到它是否能正常运转。

对于散装粒状物料,大多数输送机皆适用;袋装、箱装、单件等小物件,只能选用带式、板式、悬挂、滚筒输送机或托架提升机来输送。双螺旋输送机也可输送小的成件物品,但实际应用不多。另外,某些轻小物件(如邮件、单据等)也可用小型容器式气力输送。

承载构件敞开的带式、板式输送机等可输送较大粒度的物料,物料粒度一般在0.05～300 mm的范围内分布;而微细粉料因容易扬起粉尘,宜采用气力输送、螺旋、埋刮板等输送机。

(2) 输送量。在选型设计时,应使机型输送能力满足生产工艺对输送量的要求,这是设计要达到的最基本要求。

(3) 输送距离和线路布置。散料输送距离可长可短,根据实际进行设计。散料输送机有的走简单线路,如仅用作水平输送或垂直提升;有的可适应复杂线路需要,如水平、倾斜、弯曲或垂直分布。

（4）供料点和卸料点要求。输送设备都是为产品工艺服务的，在供料点与卸料点之间要有足够的距离、空间、操作时间等，以满足产品工艺过程加工要求。

（5）现场条件及要求。只有满足输送设备对酸碱度、空气湿度、温度、特殊气体等的要求，才能保证设备的使用寿命和稳定性。

（6）输送设备主要设计参数。连续输送机主要设计参数包括输送能力、水平运距、提升高度、工作速度、主要工作构件的特征尺寸和驱动功率等。

输送能力是设计和选用输送机械的重要依据。水平运距和提升高度反映了不同机型输送线路的特点以及同一机型的驱动功率。工作速度不仅对输送能力起决定性作用，而且还影响运行的可靠性、经济性和工作质量等，如增加带速可提高输送能力或在同样输送能力下采用较小的宽度，而输送带的线载荷和张力减小又可取较少的衬垫层数，这些都可降低输送带的成本以及减小输送带的尺寸和自重，因此，提高带速有很大的经济意义。但提高带速也有负面作用，如易扬起粉尘、被运物料易破损，还会在装载段、清扫段等处增加带的磨损。主要工作构件的特征尺寸是表征输送机特点和规格的参数，通常指宽度。驱动功率是反映能耗大小的参数，直接关系着输送机动力装置的尺寸、重量、投资和运营成本，它取决于输送机运行阻力，应选用合理的输送参数、改进输送机械部件的机构，并尽量减小运行阻力。

2.2 带式输送机整机设计

带式输送机的设计程序是一个循环的设计过程，下面给出一个完整的设计程序，在实际设计中可以根据设备的重要程度采用部分或全部过程。

（1）根据输送量的物料性质初步确定输送机的运行速度；

（2）初步确定输送带、托辊和中间架的结构和参数；

（3）计算功率，一般选用 DIN22101、ISO5048（GB/T 17119）、CEMA 计算方法；

（4）确定驱动装置的位置和功率分配；

（5）初步计算输送带升力；

（6）设计曲线段；

（7）初步设计拉紧装置；

（8）初步设计制动器；

（9）动态分析带式输送机；

（10）设计避免共振；

（11）设计控制系统和供电系统；

（12）设计零部件。

【例 2-1】 年产 40 万吨氧化铝生产线的带式输送机整体设计。带式输送机的原始设计数据如表 2-1 所示。本设计对于重要的部件，如驱动装置、托辊、滚筒、电控系统都采用了国内外先进的技术或产品，并且具有较高的性能价格比。同时，尽量考虑有较高的互换性，以便于使用时进行维护。

表 2-1 带式输送机的原始设计数据

输送物料：铝土矿	粒度：0 ~ 350 mm
松散密度：$\rho = 0.900\ t/m^3$	动堆积角：$\varphi_d = 30°$
输送量：$Q_w = 1000\ t/h$	机长：$L = 1401\ m$

续表 2-1

带速：$v=1.60$ m/s	输送倾角：$\delta=16°$
提升高度：$H=371$ m（上运）	环境温度：10～40℃
采用托辊：三等长托辊	托辊槽角：$\lambda=35°$
上托辊间距：$a_0=1$ m	下托辊间距：$a_u=2.4$ m
上托辊直径：$d_0=159$ mm	下托辊直径：$d_u=159$ mm
承载托辊转动部分质量：$q_{ci}=27.67$ kg	回程托辊转动部分质量：$q_{ri}=25.82$ kg
每米输送带质量：$q=35$ kg/m	
工作制度：每年工作 300 d，每天三班（两班生产，一班检修），每班工作 8 h	

2.2.1　输送带及其张力

三等辊带式输送机水平输送时的理论装料截面如图 2-1 所示。根据已知的输送量 Q_w 由式(2-1)换算出输送能力 Q_v（m^3/h），结合所选带速 v，按照表 2-2 初选带宽。

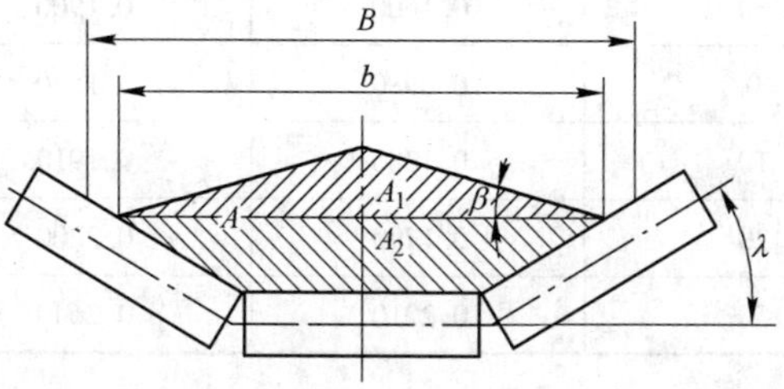

图 2-1　三等辊带式输送机水平输送时的理论装料截面

B—带宽；b—有效带宽；A—理论装料断面面积；β—输送物料的等效动堆积角

$$Q_v=\frac{Q_w}{\rho} \tag{2-1}$$

由已知数据可得：$Q_v=\dfrac{1000}{0.9}=1111.11\ m^3/h$。根据 Q_v 的计算结果，初选带宽为 $B=1.4$ m。

表 2-2　带宽 B、带速 v 与带式输送机的输送能力 Q_v 的匹配关系

带宽/m ＼ 带速/$m\cdot s^{-1}$ ＼ 输送能力/$m^3\cdot h^{-1}$	0.8	1.0	1.25	1.6	2.0	2.5	3.15
500	69	87	108	139	174	217	
650	127	159	198	254	318	397	
800	198	248	310	397	496	620	781
1000	324	405	507	649	811	1014	1278
1200		593	742	951	1188	1486	1872
1400		825	1023	1321	1652	2065	2602

将所选带宽 $B=1.4$ m 代入式(2-2)，对带式输送机输送能力进行验算。

$$Q_v = 3600 \times A \times v \times K \tag{2-2}$$

式中 K——带式输送机的倾角因数，见表 2-3；

A——理论装料断面面积，m^2，其值由表 2-4 给出。

表 2-3 带式输送机倾角因数 *K*

倾角/(°)	10	12	14	16	18	20
K 值	0.95	0.93	0.91	0.89	0.85	0.81

表 2-4 理论装料断面面积 *A* (m^2)

带宽 B/m	动堆积角 φ_d/(°)	托辊槽角 λ/(°)		
		20	35	45
1.2	0	0.0700	0.1120	0.1320
	10	0.0988	0.1370	0.1540
	20	0.1290	0.1630	0.1760
	30	0.1600	0.1900	0.2000
1.4	0	0.0980	0.1570	0.1840
	10	0.1380	0.1910	0.2140
	20	0.1790	0.2200	0.2450
	30	0.2210	0.2640	0.2770

查表得：$A = 0.2640\ m^2$。经计算，$Q_v = 1353.37\ m^3/h$，因此，所选的带宽 $B = 1.4$ m 是合理的。

2.2.2 驱动圆周力

对于机长大于 80 m 的带式输送机，传动滚筒上所需圆周驱动力按式(2-3)计算。

$$F_u = C \times F_H + F_{S1} + F_{S2} + F_{St} \tag{2-3}$$

式中 F_u——传动滚筒上所需圆周驱动力，N；

F_{S1}，F_{S2}——分别为特种主要阻力和特种附加阻力，N，其组成如表 2-7 所示；

C——主要阻力因数，按表 2-5 取值；

F_H——主要阻力，N，$F_H = f \times g \times L \times [q_{ci} + q_{ri} + (2q + \rho_{LG}) \times \cos\delta]$；

F_{St}——倾斜阻力，N，$F_{St} = \rho_{LG} \times H \times g$；

f——模拟摩擦因数，见表 2-6；

g——当地重力加速度，取 9.81 m/s^2；

ρ_{LG}——输送物料的线质量，kg/m，$\rho_{LG} = \dfrac{Q_v \times \rho}{v}$；

H——提升高度，m；

$\cos\delta$——当 $\delta \leqslant 18°$ 时，$\cos\delta \approx 1$。

表 2-5 主要阻力因数 *C*

机长 L/m	800	900	1000	1500	2000	2500	5000
C	1.12	1.10	1.09	1.06	1.05	1.04	1.03

表 2-6 模拟摩擦因数

安装情况	工 作 条 件	f
水平、向上倾斜及向下倾斜的电动工况	工作环境良好,制造、安装良好,带速低,物料内摩擦因数小	0.020
	按标准设计,制造、调整好,物料内摩擦系数中等	0.022
	多尘,低温,过载,高带速,安装不良,托辊质量差,物料内摩擦大	0.023 ~ 0.030
向下倾斜	设计、制造正常,处于发电工况时	0.012 ~ 0.016

表 2-7 特种主要阻力 F_{S1} 和特种附加阻力 F_{S2}

阻力名称	阻力代号	计算公式及说明
F_{S1}	F_ε	$F_{\varepsilon 1}=C_\varepsilon \times \mu_0 \times L_\varepsilon \times (\rho_{LG}+q)\times g \times \cos\delta \times \sin\varepsilon$ $F_{\varepsilon 1}$——托辊前倾阻力,N; C_ε——槽型因数,槽角 30°时 $C_\varepsilon=0.4$,槽角 45°时 $C_\varepsilon=0.5$; μ_0——托辊和输送带间摩擦因数,取 0.3 ~ 0.4; L_ε——装有前倾托辊的设备长度,m; ε——托辊轴线相对于垂直输送带纵向轴线的前倾角,(°)
F_{S2}	F_{ch}	$F_{ch}=\frac{\rho_{LG}{}^2 \times l \times g \times \mu_2}{1000 \times \rho \times b_1^2}$ F_{ch}——导料挡板的阻力,N; l——装有导料挡板设备的长度,m; μ_2——物料与导料挡板间摩擦系数,取 0.5 ~ 0.7; b_1——导料挡板内部宽度,m
	F_d	$F_d=S\times p \times \mu_3$ F_d——输送带清扫器阻力,N; S——输送带和清扫器的接触面积,m^2; p——输送带和清扫器间的压力,一般取 $(3\sim10)\times10^4$ Pa; μ_3——输送带和清扫器间的摩擦因数
	F_{sc}	$F_{sc}=B\times K_{sc}$ F_{sc}——犁式卸料器的阻力,N; K_{sc}——刮板系数,取 1500 N/m

按以上所给出的初始数据及相关设计依据,可计算出传动滚筒上所需的圆周驱动力 F_u,其过程如下:

$$\begin{aligned}F_H &= f\times g\times L\times[q_{ci}+q_{ri}+(2q+\rho_{LG})\times\cos\delta]\\&=0.022\times9.81\times1401\times[27.67+25.82+(2\times35+173.61)\times1]\\&=89832.29\ \text{N}\end{aligned}$$

F_{S1}:本设计不考虑设置前倾托辊,因此 $F_{S1}=0$;

F_{S2}:本设计不采用犁式卸料器,而且导料挡板阻力和输送带清扫器阻力相对于主要阻力可忽略不计,因此 $F_{S2}=0$。

$$F_{St}=\rho_{LG}\times H\times g=173.61\times371\times9.81=631855.33\ \text{N}$$

将以上计算所得数值代入式(2-3),其中 $C=1.07$,得:

$$F_u=C\times F_H+F_{S1}+F_{S2}+F_{St}=1.07\times89832.29+0+0+631855.33=727975.88\ \text{N}$$

2.2.3 驱动功率

传动滚筒上所需的驱动轴功率 P_0(kW)按式(2-4)计算,并将以上计算所得数据代入,得:

$$P_0 = \frac{F_u \times v}{1000} = \frac{727975.88 \times 1.6}{1000} = 1164.76\ \mathrm{kW} \tag{2-4}$$

驱动电机轴所需功率 P_M、反馈功率 P_N，可按式(2-5)、式(2-6)计算：

$$P_M = \frac{P_0}{\eta_1} \tag{2-5}$$

$$P_N = P_0 \times \eta_2 \tag{2-6}$$

式中　η_1——传动装置效率，取0.78～0.95；

η_2——传动装置效率，取0.95～0.10。

2.2.4　输送带张力计算

输送带张力在整个输送机长度上是变化的，影响因素很多，为了保证输送机正常运行，输送带的张力要满足如下条件(输送带张力示意图如图2-2所示)：

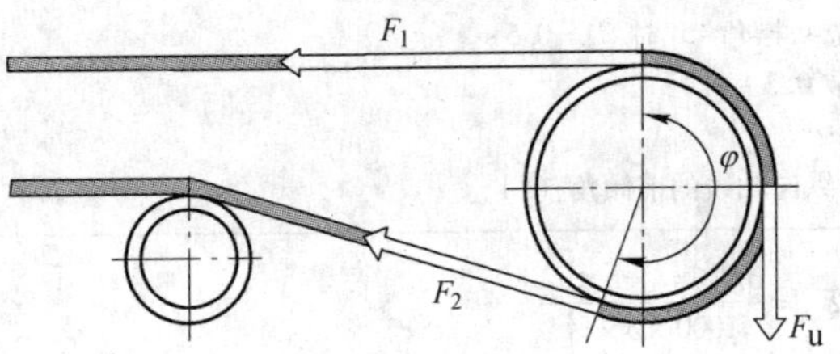

图2-2　输送带张力示意图

(1) 输送带的张力在任何负载情况下，应保证输送带与滚筒间不打滑；

(2) 作用到输送带上的张力应足够大，使输送带在两组承载托辊间保持垂度小于一定值。

按照不打滑条件，用式(2-7)可求出传动滚筒绕出点输送带的最小张力 F_{2min}(N)。

$$F_{2min} \geqslant \frac{F_{umax}}{e^{\mu\varphi} - 1} \tag{2-7}$$

式中　F_{umax}——满载输送机在起动、制动或稳定工况下出现的最大圆周力，N，一般取 $F_{umax} = (1.3 \sim 1.7) F_u$；

μ——传动滚筒与输送带之间的摩擦因数，其值见表2-8；

φ——输送带在传动滚筒上的围包角，一般取为160°～240°。

按照输送带垂度条件，根据式(2-8)可求出承载分支输送带最小张力 F_{min}(N)。

$$F_{min} \geqslant \frac{a_0 \times (\rho_{LG} + q) \times g}{8 \times (h/a)_{max}} \tag{2-8}$$

式中　a_0——上托辊间距，m；

$(h/a)_{max}$——输送带允许最大下垂度，取0.01。

表2-8　传动滚筒和输送(橡胶)带之间的摩擦因数 μ

运行条件＼滚筒覆盖	光滑裸露的钢滚筒	带人字形沟槽的橡胶覆盖面	带人字形沟槽的聚酯覆盖面	带人字形沟槽的陶瓷覆盖面
干态运行	0.35～0.40	0.40～0.45	0.35～0.40	0.40～0.45
清洁潮湿(有水)运行	0.10	0.35	0.35	0.35～0.40
污浊湿态(泥浆、黏土)运行	0.05～0.10	0.25～0.30	0.20	0.35

2.2.5　整机配置

整机头部双滚筒四电机驱动采用10000 V高压电动机、SEW进口减速机、液体黏性软起动调速装置和液压自平衡逆止器。整个驱动部采用的软起动可使电机空载起动,实现多机驱动功率相互平衡、无级调速和过载保护功能。

整机传动滚筒和部分改向滚筒均采用新型强力滚筒,托辊采用自动化托辊生产线加工制作,装配精度高、旋转阻力小、使用寿命长。整机配置还涉及料仓,下面是两种基本形式。

(1) 座仓皮带。本设备用于铝土矿仓仓底物料的输送。

座仓皮带与普通带式输送机的工作原理相同,是带式输送机的一种特殊使用方式。座仓皮带由输送带、传动滚筒、改向滚筒、托辊、张紧装置、清扫器和传动装置等部分组成。

座仓皮带由于输送带承受较大的料仓压力,使带的张力增大。为防止传动滚筒与输送带之间可能出现的打滑现象,传动滚筒应进行表面包胶处理,并采用较低的输送速度。在带的两侧设置有导料挡板,以防止物料大量涌出时造成物料飞散。

(2) 分配圆盘。分配圆盘是冶金工业中经常使用的一种多点给料设备。分配圆盘具有结构简单、操作方便、给料均匀、给料量易于调节等特点。

分配圆盘的传动装置设在托盘的下部,托盘上部中央有导料圆筒,在180°方向上布置两块导料板,当圆盘转动时,物料沿导料板流入下料漏斗中。为保证物料顺行,在下料漏斗上设置振打装置。

整机配置平面布置总原则为:(1)保证生产工艺流程的顺捷;(2)利用风向减少相互干扰,改善环境;(3)节约用地和工程投资,最大限度地合并建筑物,减少土石方工程量;(4)采用有效的运输方式,合理布置运输线路;(5)减少动力损失,尽量靠近主要负荷中心;(6)满足各种防护距离的要求;(7)创造良好的生产环境。

3 流体输送设备设计

冶金生产过程中,常需要将流体从一个设备输送到另一个设备中。生产上要求流体的输送既要节省能耗,又要完成输送任务,这需要进行选型设计。掌握各种流体输送机械的结构和性能是做好选型设计的基础。

按输送的流体性质,可把输送机械分为液体输送机械和气体输送机械,习惯上把输送液体的机械称为泵,如离心泵、往复泵、旋转泵等;把输送气体的机械称为风机,如通风机、鼓风机、压缩机等。

管路配置设计的任务是,确定装置的全部管线、阀件、管件及各种管架的位置,以满足工艺生产的要求。应注意节约管材,便于操作、检查和安装检修,而且做到整齐美观。

3.1 泵选型简介

所谓系列,就是指结构形式、用途、材料相同,除过流部件外其他零部件通用程度高,基本参数按一定规律分布的产品。泵的"系列"概念更强调结构、材料、零部件的通用化程度,不再以比转速作为划分系列的依据。

按基本参数划分,不同系列、参数不同的品种还可分规格。清水泵系列代号有 IS 型、D 型、Sh 型,其中,IS(B)型表示国际标准单级单吸悬臂式离心水泵;D 表示多级;Sh 表示多吸(流量大而压头小)。耐腐蚀泵的传统采用系列代号为 F 型,但近年来已推出新型号(例如 IH 型等),适用于酸、碱等腐蚀性液体。油泵系列代号为 Y 型。杂质泵系列代号为 P 型(PW 表示污水泵,PS 表示砂泵,PN 表示泥浆泵)。

在离心泵的产品目录或产品样本中,泵的型号是由字母和数字组合而成的,以代表泵的类型、规格等,品种型号如 IB50-32-125、IB50-32-125A。

对于 IS-50-32-250 型号泵,IS 表示国际标准单级单吸清水离心泵;50 为泵吸入口直径,mm;32 为泵排出口直径,mm;250 为泵叶轮的尺寸,mm。

对于 100Y-120×2 型号泵,100 为泵吸入口直径,mm;Y 为系列代号;120 为泵的单级扬程,m;2 为叶轮级数。

流体输送机械按工作原理分类如下:

(1) 动力式(叶轮式),如离心式、轴流式;

(2) 容积式(正位移式),如往复式、旋转式;

(3) 其他类型,如喷射式、流体作用式等。

叶轮式动力系列泵产品的特点有:用途广泛、要求各异、批量大。

泵的选型就是为冶金过程提供"既满足工艺要求,又经济节约"的泵,泵选型计算的任务就是在专用与通用产品中选择适合的标准设备。因此,泵的选择需要确定原始资料及选型原则。

泵选型的原始资料包括:

(1) 系统的扬程和流量,如 H_{max}(最大水头)、H_d(设计水头)、H_{min}(最小水头)、H_{av}(可变水头)、$q_{V_{max}}$(最大体积流量)、$q_{V_{min}}$(最小体积流量)、q_{V_d}(设计体积流量);

(2) 系统的总容量(功率);

(3) 输送介质资料,如水中含砂量及砂粒大小等;

(4) 管道尺寸及布置情况；

(5) 系统的运行情况。

泵选型的原则是：

(1) 满足流量及扬程要求；

(2) 效率高,同时不发生空蚀和动力超载现象；

(3) 机电设备和土建投资少；

(4) 便于操作维修,运行和管理费用小；

(5) 尽量选用标准化、系列化的产品和相同型号的泵。

3.1.1 用系列型谱图或产品特性曲线进行选型

选型时,应注意专用与通用系列台数,多方案比较各扬程时的实际流量;考虑管网特性以后,平均扬程要对应于泵的高效范围,泵的设计扬程应保证提供设计流量,在最大或最小扬程时能安全运行。

泵的选用按以下步骤进行：

(1) 定类。依据泵的操作条件(温度、压力)、输送流体的性质,确定所选泵的类型。

(2) 定规格。根据泵送的流量、压头大小,确定所选泵的规格。选择时应注意以下几点：1)由管路所需压头、流量确定泵压头、流量,工程观点认为,选择时应有一定生产余度;2)所选的泵应具有较好的抗汽蚀性能;3)所选的泵经济性应较好,即泵的操作点应处于高效区内。

(3) 核算泵的轴功率。

(4) 选型。根据以上步骤列出的所需泵的性能参数,对照泵谱图和产品目录选出所需泵的型号。

3.1.2 根据水力模型性能参数进行选型计算(新产品)

具体步骤如下：

(1) 确定转速,计算比转速,选定水力模型。

(2) 确定扬程放大系数 K_H 和流量放大系数 K_q：

$$K_H = \frac{H_m}{H}, K_q = \frac{q_{V_m}}{q_V}$$

式中 K_H——扬程放大系数；

K_q——流量放大系数；

H_m, H——分别为模型扬程、工作扬程；

q_{V_m}, q_V——分别为模型流量、工作流量。

(3) 计算直径：

$$D = D_m\sqrt{\frac{\sqrt{K_H}}{K_q}}, n = \frac{n_m}{\sqrt{K_H}} \cdot \frac{D_m}{D} \tag{3-1}$$

式中 D_m, D——分别为模型管径、工作管径；

n_m, n——分别为模型转速、工作转速。

(4) 计算各扬程下的 q_V(体积流量)、P(功率)、η(效率)。

(5) 对不同方案进行比较分析。

(6) 确定配套功率。

依据原始资料,应考虑:泵运行时可能出现的 H_{max}、H_d、H_{min}、$q_{V_{max}}$、$q_{V_{min}}$ 等;介质的特性参数,如腐蚀性、挥发性、易燃易爆性以及是否含颗粒、颗粒的粒径等;装置情况,如管路长度、布置情况、有无功率限制(变压器情况)。

选型时还应考虑:(1)该泵能满足 H、q_V 的要求,运行可靠,满足介质的特性要求;(2)泵应高效,不发生空蚀及过大;(3)所选泵的土建及机电设备投资应合理(与寿命、效率综合考虑);(4)同一泵站应尽量用同一型号规格的泵,便于使用;(5)是否设置备用泵。

泵定好后确定泵的 n_m,依据 n_m 在模型库中选定相同比转速的模型进行水力模型换算。根据相似定律:

$$\frac{q_{V_m}}{q_V}=\frac{n_m D_m^3}{nD^3},\ \frac{H_m}{H}=\frac{n_m^2 D_m^2}{n^2 D^2},\ \frac{P_m}{P}=\frac{n_m^3 D^5}{nD^5} \tag{3-2}$$

由式(3-2)可得实型泵的尺寸及转速,依此进行如下效率修正:

(1) 莫迪公式:$\eta=1-\left(\frac{D_{2m}}{D_2}\right)^{0.2}\left(\frac{H_m}{H}\right)^{0.1}(1-\eta_m)$ (3-3)

(2) 苏尔泰公式:$\eta=1-\left(\frac{D_{2m}}{D_2}\right)^{0.15}\left(\frac{H_m}{H}\right)^{0.036}(1-\eta_m)$ (3-4)

(3) 皮龙公式:$\eta=1-\left(\frac{D_{2m}}{D_2}\right)^{0.165}(1-\eta_m)$ (3-5)

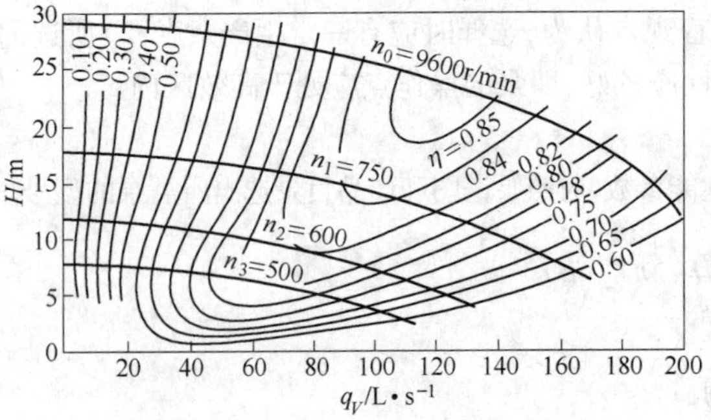

图 3-1 离心泵的综合特性曲线

综上可绘制泵的特性曲线,如图 3-1 所示。

功率采用式(3-6)计算:

$$P_m=k_1\frac{P}{\eta_{dr}} \tag{3-6}$$

式中 P_m,P——分别为模型功率和工作功率;

k_1——安全系数,取 1.15~1.20;

η_{dr}——传动效率。

当模型库中没有设计泵的 n_m,但两者相差不大时,可以对模型进行修改,从而使得模型泵的 n_m 和设计泵的 n_m 值相等,然后进行换算。应注意保证 D_2(出口直径)不变,改变流道宽度。

3.2 泵的选型计算

以叶片泵的选型计算为例,说明如下:

(1) 确定输送系统的流量与压头。液体的输送量一般由生产任务所规定,如果流量在一定范围内波动,选泵时应按最大流量考虑。根据输送系统管路的安排,用伯努利方程计算在最大流量下管路所需的压头。

(2) 选择泵的类型与型号。首先应根据输送液体的性质和操作条件确定泵的类型,然后按已确定的流量 Q_e 和压头 H_e 从泵的样本或产品目录中选出合适的型号。显然,选出的泵所提供的流量和压头未必会与管路要求的流量 Q_e 和压头 H_e 完全相符,且考虑到操作条件的变化和备有一定的余量,所选泵的流量和压头可稍大一点;但在该条件下对应泵的效率应比较高,即点(Q_e、H_e)坐标位置应靠在泵的高效率范围所对应的 H-Q 曲线下方。型号选出后,应列出该泵的各种性能参数。

(3) 核算泵的轴功率。若输送液体的密度大于水的密度,可按下式核算泵的轴功率:

$$P=\frac{QH\rho}{102\eta} \tag{3-7}$$

式中 P——泵的轴功率,kW;

Q——输送液体的体积流量，m^3/h；

H——泵的扬程，m；

ρ——输送液体的密度，kg/m^3；

η——电机传递给泵的效率。

【例 3-1】 真空感应熔炼炉水冷系统设计。

500 kg/h 真空感应熔炼炉（简称 500 kg 真空炉）的水冷系统分为三大部分：中频电源冷却系统、炉子冷却系统、真空机组冷却系统。三大系统中，中频电源采用独立密闭式水冷，通过循环机组来冷却，内装蒸馏水；炉体、线圈、真空机组等采用不锈钢板式热交换器和冷却塔凉水冷却方式，内装电渗析处理水。各部分对冷却水水质、流量、水压、热负荷、供回水温度的参数要求都比较严格，其中任何一个参数出了问题，都会影响设备的正常运行。因此，500 kg 真空炉冷却水系统的工艺设计和参数设计都非常重要。

以前运行的一些设备的冷却水系统都属于直接冷却，很容易满足设备对流量、水压、供回水温度的要求，冷却效果也不错，但是必须在设备对水质无严格要求的情况下才能使用。500 kg 真空炉对水质的要求相当严格，由于循环冷却水在使用之后，水中的 Ca^{2+}、Mg^{2+}、Cl^- 等离子的浓度会有所增加，溶解固体和悬浮物也相应增加，空气中污染物（如灰尘、杂物、可溶性气体等）均可进入循环冷却水，使循环冷却水系统中的设备和管道腐蚀、结垢，造成冷却效率降低、过水断面减少，甚至使设备管道腐蚀穿孔、仪器仪表寿命降低。考虑到这个因素，本设计采取了以板式换热器作热量交换的内外封闭冷却循环系统，以达到真空炉冷却工艺的要求。

设备对冷却循环水的工艺要求为：水压不低于 0.3 MPa，供水温度不高于 38℃，回水温度不高于 45℃；自来水需经电渗析处理，电阻率不低于 10 MΩ · cm(25℃)。

(1) 确定冷却循环水系统工艺方案（如图 3-2 所示）。

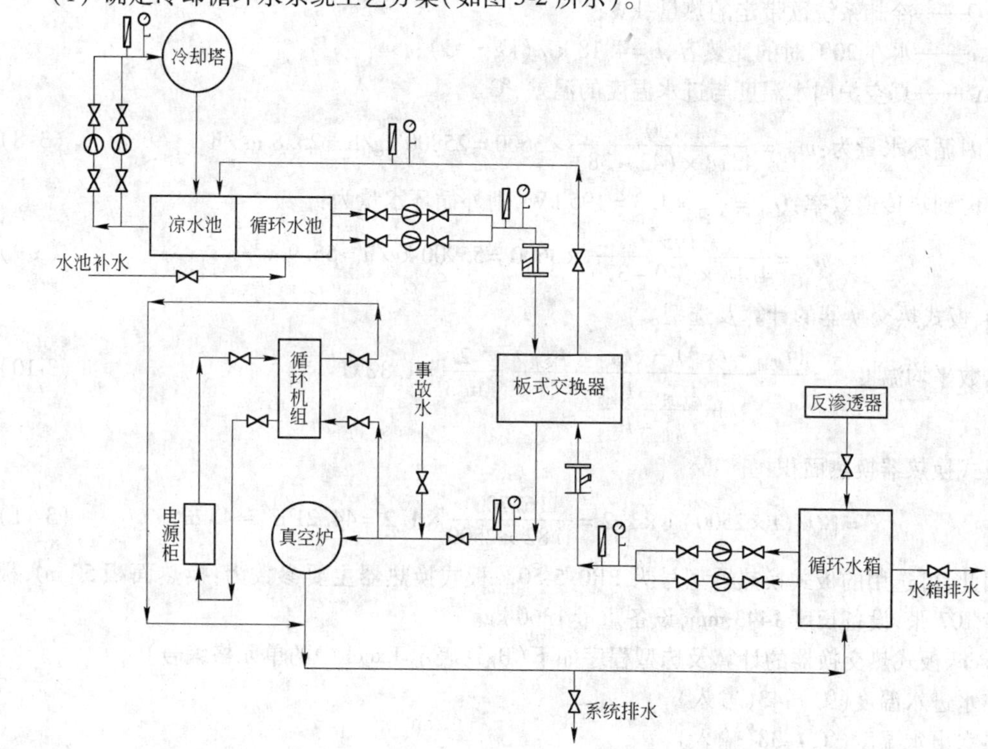

图 3-2 真空炉冷却循环水系统工艺方案

为了达到真空炉冷却循环水的要求、延长冷却水管路的寿命，并且摆脱高程对回水的束缚，采取了以板式换热器作热量交换的内外封闭冷却循环系统方案，此系统分为内、外两个循环系统。外循环系统包括冷却塔、凉水泵、外循环水泵、循环水池（中间有隔断和连通孔）、水池补水系统、过滤器和相应管路阀件，内循环水系统包括内循环泵、循环水箱、水箱补水系统、电渗器、过滤器和相关管路阀件；另外，该系统还包括内外循环系统的热交换设备——板式热交换器。内循环系统补水水源采用电渗析处理水，外循环系统补水水源采用地下水。为了节约投资，内循环系统的设备安装在房间内，外循环系统的设备安装在室外。为了保证冬季系统的正常运行，外循环水池做在地下，外循环泵选用潜水泵并安装在水池内，地面上的管道应做好防冻措施。

（2）设备选型。

1）系统热负荷及循环水量计算。

真空炉装机总功率：W = 500 kW

热负荷估算：$Q = W \times 30\% = 500 \times 30\% = 150$ kW

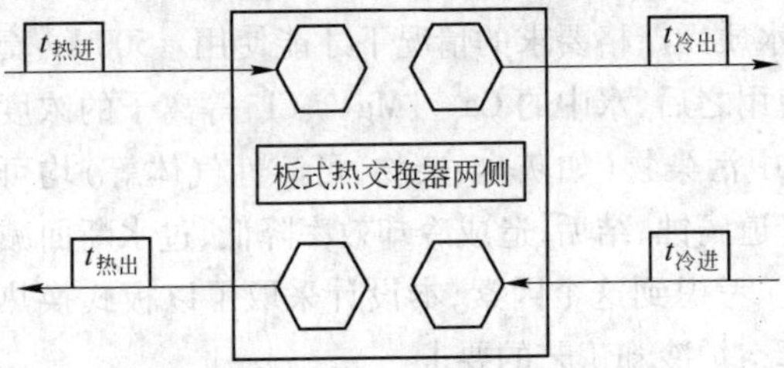

图 3-3　板式热交换物流示意图

设在夏季最不利条件下（参见图 3-3）：

$t_{热进} = 43℃$（真空炉回水温度），$t_{热出} = 38℃$（真空炉进水温度）；

$t_{冷进} = 37℃$（冷却塔出水温度），$t_{冷出} = 40℃$（冷却塔进水温度）。

由热力学定律 $Q = c \cdot m \cdot \Delta t$ 得：

$$m = \frac{Q}{c \cdot \Delta t}$$

式中　m——内循环水量，m^3/h；

Q——冷却系统欲带走的热量，kW；

c——水在20℃时的比热容，$c = 4.18$ kJ/(kg · ℃)；

Δt——真空炉回水温度与进水温度的温差，℃。

则内循环水量为：$m_{内} = \dfrac{150}{4.18 \times (43-38)} \times 3600 = 25800 \text{ kg/h} = 25.8 \text{ m}^3/\text{h}$　（3-8）

考虑到热传递效率：$Q_{外} = Q_{内} \times 1.3 = 195$ kW，则外循环水量为：

$$m_{外} = \frac{195}{4.18 \times (40-37)} \times 3600 = 55900 \text{ kg/h} = 55.9 \text{ m}^3/\text{h} \quad (3\text{-}9)$$

2）板式热交换器的计算及选型。

对数平均温度：$\bar{t} = \dfrac{(t_{热进} - t_{冷出}) - (t_{热出} - t_{冷进})}{\ln \dfrac{t_{热进} - t_{冷出}}{t_{热出} - t_{冷进}}} = \dfrac{2}{\ln 3} = 1.82℃$　（3-10）

板式换热器换热面积：

$$F = [Q/(\bar{t} \times 2500)] \times 1.2 = \frac{167700}{1.82 \times 2500} \times 1.2 = 44.21 \text{ m}^2 \approx 44 \text{ m}^2 \quad (3\text{-}11)$$

因此，可选用的板式换热器型号为 BR0.5-50。板式换热器主要参数为：换热面积 50 m^2，板片数量 107 张，设备长度 1443 mm，设备重量 1360 kg。

Excel 板式热交换器的计算及选型程序如下（B、D 表示 Excel 中的单元格编号）：

热水进水温度（℃）：43（输入）

热水出水温度（℃）：38（输入）

冷水出水温度（℃）：40（输入）

冷水进水温度(℃):37(输入)

平均温差:$(B_2-D_2)-(B_3-D_3)$

对数温度:$LN((B_2-D_2)/(B_3-D_3))$

对数平均温度:B_4/B_5

板换器传热系数(kJ/(m^2·℃·h)):598(来自设计规范)

热负荷(kW):195(输入)

板换器计算面积(m^2):$B_8\times1.2/(B_7\cdot B_6)$

3)内外循环水泵选型。在选择水泵的过程中,根据前人的经验:第一,考虑用水点的压力和流量要求,参照《给排水设计手册》第一册中管道水力计算表来考虑管道局部水头损失和管道沿程水头损失;第二,考虑水泵的安装方式和运行条件,通过这两点对水泵进行选型。

① 内循环泵选型。

内循环系统水流量和水压要求:压力不低于0.4 MPa,流量 $Q\geqslant30\ m^3/h$

内循环水泵的型号:QPG65-200(I)

内循环水泵主要参数:扬程 $H=53.5\ mH_2O$,流量 $Q=35\ m^3/h$,电机功率 $W=15\ kW$

额定电流 $I=33A$,噪声 = 63 dB

内循环水泵选择的是QPG型屏蔽泵,这种泵噪声小、使用寿命长。

② 外循环泵选型。

外循环系统水流量和水压要求:压力不低于0.4 MPa,流量 $Q\geqslant56\ m^3/h$

外循环泵型号:200QJ80-44/4

外循环泵主要参数:扬程 $H=44\ mH_2O$,流量 $Q=80\ m^3/h$,电机功率 $W=15\ kW$

外循环泵选择的是石家庄潜水电泵厂的潜水多级泵,这种型号水泵的主要优点有:电机和水泵直连一体,潜入水中工作,对水质无污染,安全可靠;机组效率高,材质优良,寿命长,噪声小;与普通卧式泵相比,潜水泵安装、使用、维护方便,占地面积小,不需要建造泵房,启动时不需要预先往系统中充水。

③ 凉水泵选型。

凉水系统水流量和水压要求:压力不低于0.2 MPa,流量 $Q\geqslant80\ m^3/h$

凉水泵型号:250QJ100-36/2(潜水多级泵)

凉水泵主要参数:扬程 $H=36\ mH_2O$,流量 $Q=100\ m^3/h$,电机功率 $W=15\ kW$

4)冷却塔选型。

选塔要求:冷却水量 $Q=100\ m^3/h$,进出塔温差3℃,北方湿球温度27℃

选塔冷却水量:$Q\times1.15=115\ m^3/h$

冷却塔型号:机械通风横流冷却塔CDBHZ3-125(玻璃钢)

根据现场条件及工艺要求,冷却塔主要技术参数:循环水量125 m^3/h,风机功率3 kW,塔长2300 mm,塔宽3200 mm,塔高4200 mm

(3)循环冷却系统水质稳定及水处理措施。

1)内循环冷却系统运行水质稳定措施确定。电源柜采用密闭式独立循环冷却系统,由于循环量小而采用蒸馏水,管道为不锈钢管道、铝塑管、铜管,水质稳定,不做水质处理。

冶炼炉其他部分需冷却的部位都与内循环冷却水直接接触,因此在水质方面,经过全面分析决定,将补水水源(地下水)采用反渗透水处理设备进行处理,系统管道采用内衬防腐层钢管,系统运行前进行冲洗、预膜;在系统运行过程中,定期、定量加入缓蚀剂、杀菌灭藻剂来保证水质要求。

2）外循环冷却系统运行水质稳定措施确定。外循环冷却系统的补水水源也为厂区地下水，根据以往循环系统运行经验，在系统水质不做处理的情况下，单凭排污和补水来保证循环系统的水质浓缩倍数，不但造成水的浪费，而且水质改观不大，造成冷却塔维修费用很高。因此，决定定期加入阻垢剂、缓蚀剂、杀菌灭藻剂来对运行中的水质进行处理，并定期检验循环水水质使其达到循环冷却水的水质指标。

在水资源日益紧缺的今天，节约用水已成为当今社会的重中之重，循环水系统是生活和生产用水工艺中节约用水的一项合理有效的措施。因此，循环水系统工艺的研究意义深远。

3.3　流体输送管路的计算

所有泵都是在管路中应用，流体的输送不仅与泵的性质有关，还与管路有关，所以流体输送还要进行管路计算。管路计算是连续性方程、伯努利方程及阻力损失计算的具体应用。管路按其配置情况不同，可分为简单管路和复杂管路。

3.3.1　简单管路

简单管路通常是指直径相同的管路或由不同直径组成的串联管路。由于已知量与未知量情况不同，计算方法也随之改变。常遇到的管路计算问题主要有以下三种情况：

（1）已知管径、管长、管件和阀门的设置及流体的输送量，求流体通过管路系统的能量损失，以便进一步确定输送设备所加入的外功、设备内的压强或设备间的相对位置等。这一类计算比较容易。

（2）设计型计算，即管路尚未存在时给定输送任务，并给定管长、管件和阀门的当量长度及允许的阻力损失，要求设计经济合理的管路。

（3）操作型计算，即管路已定，管径、管长、管件和阀门的设置及允许的能量损失都已定，要求核算在某些给定条件下的输送能力或某项技术指标。

设计型计算存在着选择和优化的问题，最经济合理的管径或流速的选择应使每年的操作费与按使用年限计的设备折旧费之和最小。操作型计算存在一个困难，即因流速未知，不能计算 *Re* 值，无法判断流体的流型，也就不能确定摩擦系数 λ。在这种情况下，工程计算中常采用试差法和其他方法来求解。

3.3.2　复杂管路

3.3.2.1　并联管路

并联管路如图 3-4 所示，总管在 *A* 点分成几根分支管路流动，然后又在 *B* 点汇合成一根总管路。此类管路的特点是：

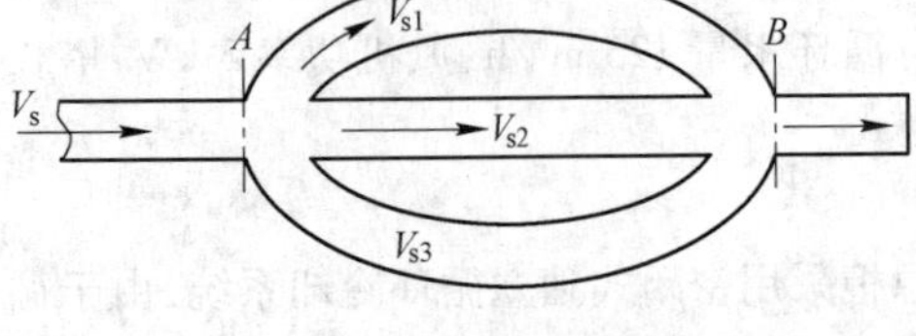

图 3-4　并联管路

（1）总管中的流量等于并联各支管流量之和，对不可压缩流体，则：

$$V_s = V_{s1} + V_{s2} + V_{s3} \tag{3-12}$$

式中　$V_s, V_{s1}, V_{s2}, V_{s3}$——分别为总管中的流量与各支管中的流量。

（2）图中 *A*—*A* 与 *B*—*B* 截面间的压强降，是由流体在各个分支管路中克服流动阻力造成的。因此，在并联管路中，单位质量流体无论通过哪根支管，阻力损失都应该相等，即：

$$h_{f1} = h_{f2} = h_{f3} = h_{fAB} \tag{3-13}$$

因而在计算并联管路的能量损失时，只需计算一根支管的能量损失，绝不能将并联的各管段的阻力全部加在一起作为并联管路的阻力。

若忽略 A、B 两处的局部阻力损失，各管的阻力损失可按下式计算：

$$h_{fi} = \lambda_i \frac{l_i}{d_i} \cdot \frac{u_i^2}{2} \tag{3-14}$$

式中　h_{fi}——阻力损失，J/kg；

l_i——支管总长，包括各局部阻力的当量长度，m；

λ_i——阻力系数；

u_i——流体的平均线速度，m/s；

d_i——支管的直径，m。

在一般情况下，各支管的长度、直径、粗糙度均不相同，但各支管的流动推动力是相同的，故各支管的流速也不同。将 $u_i = 4V_{si}/\pi d_i^2$ 代入式(3-14)，整理后得：

$$V_{si} = \frac{\pi\sqrt{2}}{4}\sqrt{\frac{d_i^5 h_{fi}}{\lambda_i l_i}} \tag{3-15}$$

由式(3-15)可求出各支管的流量分配。如只有三根支管，则：

$$V_{s1}:V_{s2}:V_{s3} = \sqrt{\frac{d_1^5}{\lambda_1 l_1}}:\sqrt{\frac{d_2^5}{\lambda_2 l_2}}:\sqrt{\frac{d_3^5}{\lambda_3 l_3}} \tag{3-16}$$

如总流量 V_s，各支管的 l_i、d_i、λ_i 均已知，由式(3-16)和式(3-12)联立求解可得到 V_{s1}、V_{s2}、V_{s3} 三个未知数，任选一支管用式(3-14)算出 h_{fi}，即为 AB 两点间的阻力损失 h_{fAB}。

【例 3-2】　计算并联管路的流量。在图 3-4 所示的输水管路中，已知水的总流量为 3 m³/s，水温为 20℃，各支管总长度分别为 $l_1 = 1200$ m、$l_2 = 1500$ m、$l_3 = 800$ m，管径 $d_1 = 600$ mm、$d_2 = 500$ mm、$d_3 = 800$ mm。求 AB 间的阻力损失及各管的流量。已知输水管为铸铁管，各支管绝对粗糙度(管壁表面突出物的平均高度，mm)为 $\varepsilon_1 = \varepsilon_2 = \varepsilon_3 = 0.3$ mm。

解：各支管的流量可由式(3-16)和式(3-12)联立求解得出，但因 λ_1、λ_2、λ_3 均未知，需用试差法求解。

设各支管的流动皆进入阻力平方区，则：

$$\frac{\varepsilon_1}{d_1} = \frac{0.3}{600} = 0.0005, \frac{\varepsilon_2}{d_2} = \frac{0.3}{500} = 0.0006, \frac{\varepsilon_3}{d_3} = \frac{0.3}{800} = 0.000375$$

查得摩擦系数为：$\lambda_1 = 0.017$，$\lambda_2 = 0.0177$，$\lambda_3 = 0.0156$

由式(3-16)得：

$$V_{s1}:V_{s2}:V_{s3} = \sqrt{\frac{(0.6)^5}{0.017 \times 1200}}:\sqrt{\frac{(0.5)^5}{0.0177 \times 1500}}:\sqrt{\frac{(0.8)^5}{0.0156 \times 800}}$$
$$= 0.0617:0.0343:0.162$$

又　$V_{s1} + V_{s2} + V_{s3} = 3\text{m}^3/\text{s}$，故：

$$V_{s1} = \frac{0.0617 \times 3}{0.0617 + 0.0343 + 0.162} = 0.72\ \text{m}^3/\text{s}$$

$$V_{s2} = \frac{0.0343 \times 3}{0.0617 + 0.0343 + 0.162} = 0.40\ \text{m}^3/\text{s}$$

$$V_{s3} = \frac{0.162 \times 3}{0.0617 + 0.0343 + 0.162} = 1.88\ \text{m}^3/\text{s}$$

校核 λ 值：

$$Re = \frac{du\rho}{\mu} = \frac{d\rho}{\mu} \cdot \frac{V_s}{\frac{\pi}{4}d^2} = \frac{4\rho V_s}{\pi\mu d}$$

已知　$\mu = 1 \times 10^{-3}$ Pa · s，$\rho = 1000$ kg/m^3，则：

$$Re = \frac{4 \times 1000 \times V_s}{\pi \times 10^{-3} d} = 1.27 \times 10^5 \frac{V_s}{d}$$

故

$$Re_1 = 1.27 \times 10^6 \times \frac{0.72}{0.6} = 1.52 \times 10^6$$

$$Re_2 = 1.27 \times 10^6 \times \frac{0.4}{0.5} = 1.02 \times 10^6$$

$$Re_3 = 1.27 \times 10^6 \times \frac{1.88}{0.8} = 2.98 \times 10^6$$

由 Re_1、Re_2、Re_3 可以看出，各支管进入或十分接近阻力平方区，故假设成立，以上计算正确。

A、B 间的阻力损失 h_f 可由式(3-14)求出，则：

$$h_f = \frac{8\lambda_1 l_1 V_{s1}^2}{\pi^2 d_1^5} = \frac{8 \times 0.017 \times 1200 \times (0.72)^2}{\pi^2 \times (0.6)^5} = 110 \text{ J/kg}$$

3.3.2.2　分支管路

化工管路常设有分支管路，以便流体可从一根总管分送到几处。在此情况下，各支管内的流量彼此影响，相互制约。分支管路内的流动规律主要有两条：

(1) 总管流量等于各支管流量之和，即：

$$V_{sA} = V_{sB} + V_{sC} \tag{3-17}$$

(2) 尽管各分支管路的长度、直径不同，但分支处（见图 3-5 中 O 点）的总压头为一固定值，不论流体流向哪一支管，每千克流体所具有的总机械能必相等，由伯努利方程可求解。

【例 3-3】　用泵输送密度为 710 kg/m^3 的油品，如图 3-6 所示，从贮槽经泵出口后分为两路：一路送到 A 塔顶部，最大流量为 10800 kg/h，塔内表压强为 98.07×10^4 Pa；另一路送到 B 塔中部，最大流量为 6400 kg/h，塔内表压强为 118×10^4 Pa。贮槽 C 内液面维持恒定，液面上方的表压强为 49×10^3 Pa。现已估算出当管路上的阀门全开且流量达到规定的最大值时，油品流经各段管路的阻力损失是：由截面 1—1 至截面 2—2 为 201 J/kg，由截面 2—2 至截面 3—3 为 60 J/kg，由截面 2—2 至截面 4—4 为 50 J/kg。油品在管内流动时的动能很小，可以忽略。各截面离地面的垂直距离见图 3-6。已知泵的效率为 60%，求此情况下泵的轴功率。

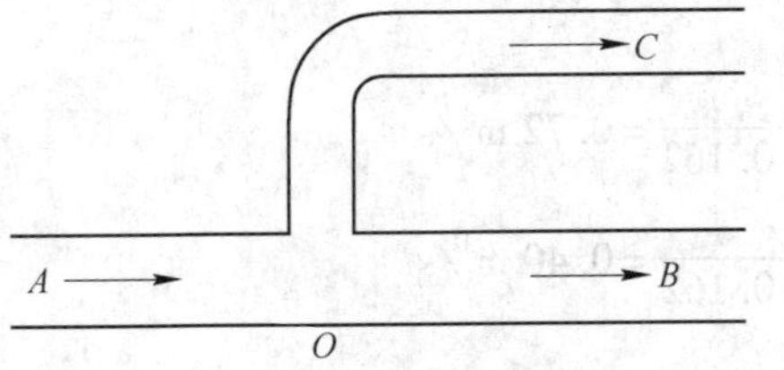

图 3-5　分支管路

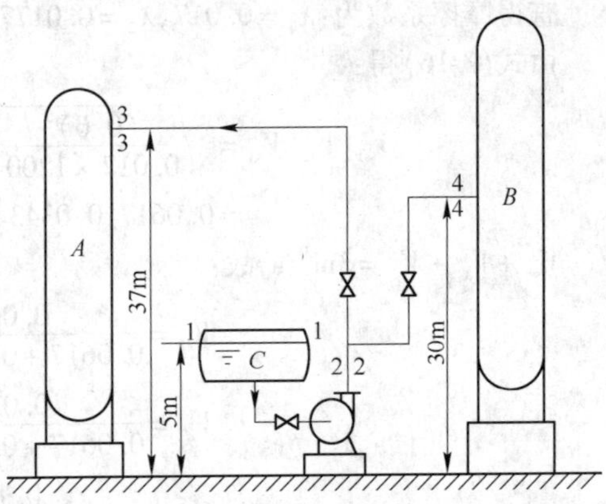

图 3-6　例 3-3 附图

解：在截面 1—1 与截面 2—2 间列伯努利方程，以地面为基准水平面。

$$gZ_1+\frac{p_1}{\rho}+\frac{u_1^2}{2}+W_e=gZ_2+\frac{p_2}{\rho}+\frac{u_2^2}{2}+\Sigma h_{f1-2}$$

式中，$Z_1=5\text{m}$，$p_1=49\times10^3$ Pa，$u_1\approx0$；Z_2、p_2、u_2 均未知；$\Sigma h_{f1-2}=20$ J/kg。

设 E 为任一截面上三项机械能之和，则将截面 2—2 上的 $E_2=gZ_2+p_2/\rho+u_2^2/2$ 代入伯努利方程得：

$$W_e=E_2+20-5\times9.81-\frac{49\times10^3}{710}=E_2-98.06$$

由上式可知，需找出分支截面 2—2 处的 E_2，才能求出 W_e。根据分支管路的流动规律，E_2 可由 E_3 或 E_4 算出。但每千克油品从截面 2—2 到截面 3—3 与自截面 2—2 到截面 4—4 所需的能量不一定相等，为了保证同时完成两支管的输送任务，泵所提供的能量应同时满足两支管所需的能量。因此，应分别计算出两支管所需能量，选取能量要求较大的支管来决定 E_2 的值。

仍以地面为基准水平面，各截面的压强均以表压计算且忽略动能，列截面 2—2 与截面 3—3 的伯努利方程，求 E_2。

$$E_2=gZ_3+\frac{p_3}{\rho}+h_{f2-3}=37\times9.81+\frac{98.07\times10^4}{710}+60=1804\ \text{J/kg}$$

列截面 2—2 与截面 4—4 之间的伯努利方程，求 E_2：

$$E_2=gZ_4+\frac{p_4}{\rho}+h_{f2-4}=30\times9.81+\frac{118\times10^4}{710}+50=2006\ \text{J/kg}$$

比较结果可知，当 $E_2=2006$ J/kg 时才能保证输送任务。将 E_2 值代入 W_e 算式得：

$$W_e=2006-98.06=1908\ \text{J/kg}$$

通过泵的质量流量为：$w_s=\dfrac{10800+6400}{3600}=4.78$ kg/s

泵的有效功率为：$N_e=W_e w_s=1908\times4.78=9120\ \text{W}=9.12$ kW

泵的轴功率为：$N=\dfrac{N_e}{\eta}=\dfrac{9.12}{0.6}=15.2$ kW

最后需指出，由于泵的轴功率是按所需能量较大的支管来计算的，当油品从截面 2—2 到截面 4—4 的流量正好达到 6400 kg/h 的要求时，油品从截面 2—2 到截面 3—3 的流量在管路阀全开时便大于 10800 kg/h。所以，操作时要把泵到截面 3—3 支管的调节阀关小到某一程度，以提高这一支管的能量损失，使流量降到所要求的数值。

4 换热设备设计

冶金化学反应过程都需要在一定的温度下进行。为了维持所要求的温度,物料在进入反应器之前往往需要预热或冷却;在冶金过程进行中,由于反应本身需吸收或放出热量,又要求及时补充或移走热量。例如闪速炼钢过程,为了强化熔炼反应,需将富氧空气预热至500℃以上;再如硫化锌精矿的流态化焙烧过程,由于反应放出大量的热,炉子外面需设置冷却水套及时移走多余的热量。总之,热量的传递与冶金过程密切相关,应根据热量传递规律设计合理的冶金换热器,实现热量传递速率的控制,这样才能完成特定的冶金过程。

4.1 冶金换热器概述

4.1.1 选择换热器类型

换热器根据其传热原理,可分为混合式换热器、蓄热式换热器(如图4-1所示)和间壁式换热器。列管式换热器属于典型间壁式换热器,有一般钢管和翅片钢管两种。有色冶金炉应用较多的为光管换热器(后称钢管换热器),具有单位体积传热面积大、结构紧凑、传热效果好、能用多种材料制造等特点。其适用性较强,操作弹性较大,适用于将空气(或煤气)预热至250~500℃的场合。换热管常采用直径32~100 mm、壁厚2.5~5 mm的无缝钢管。

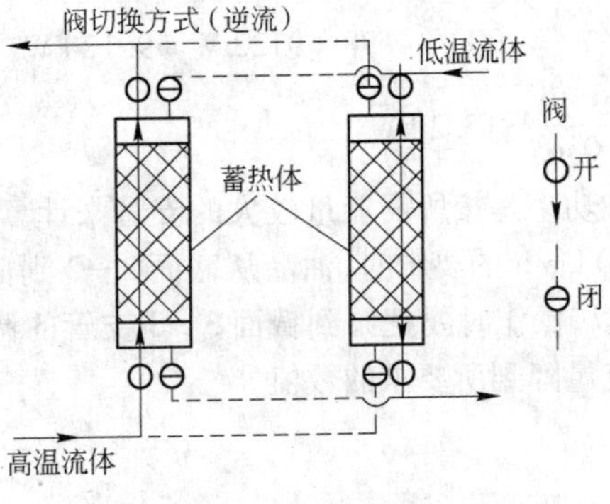

图4-1　蓄热式换热器示意图

在设计过程中,首先要根据换热器的实际工作条件决定换热器的类型,主要从以下几个方面加以考虑:

(1) 被预热介质的种类。本设计由于是利用铜精炼炉烟气余热预热助燃空气,应选用气密性好的列管式换热器或整体式换热器。

(2) 预热温度的高低。根据进入换热器烟气温度和预热气体的温度,可以选用金属材料换热器。

(3) 烟气成分及含尘量。烟气中二氧化硫的含量很高,但由于水分含量比较低,在设计中可不考虑二氧化硫的腐蚀问题。同时,考虑到烟气中有较高的含尘量,在设计过程中把管群按正方形排列,方便清灰,防止出现换热器的堵塞及结垢现象。

（4）烟气处理量。

考虑上述因素后，采用列管式换热器中的烟道式光管换热器，并以此说明设计过程。

4.1.2 工作原理说明

（1）列管式换热器工作原理。列管式换热器由壳体、传热管束、管板、折流板和管箱等部件组成。壳体多为圆筒形，内部装有管束，管束两端固定在管板上。进行换热的冷、热两种流体，一种在管内流动（管程流体），另一种在管外流动（壳程流体）。为提高管外流体的传热系数，通常在壳体内安装若干挡板。挡板可提高壳程的流体速度，迫使流体按规定路程多次横向通过管束，增强流体的湍流程度。换热管在管板上可按等边三角形或正方形排列。按正方形排列则管外清洗方便，适用于易结垢的流体。

根据换热管的形状不同，列管换热器可分为直形管、U形管、S形管以及套管形换热器。设计中采用的是直形管钢管换热器中的烟道式光管换热器。

（2）蓄热式换热器工作原理。蓄热式换热器由热容量较大的蓄热室构成，室内装有耐火砖等固体填充物。操作时冷、热流体交替流过蓄热室，利用固体填充物来积蓄和释放热量而达到换热的目的。

两类换热器相比较，列管式换热器主要用于温度不是太高、烟气流量较小的情况，而蓄热式换热器用于温度较高、烟气量较大的情况。相对于蓄热式换热器来说，列管式换热器具有可连续工作、换热效率高的优点。蓄热式换热器的运行具有间歇性，例如，高炉一般要配备两台蓄热式换热器才能达到连续使用的目的。本设计题目给出的烟气流量较小，因此可以选用列管式换热器；同时，列管式换热器的换热效率高，烟气热量直接传给空气，不需要任何中间过程，可以避免因两流体的直接接触而污染预热气体。而蓄热式换热器是烟气热量先传给蓄热砖，再通过蓄热砖传给空气，且不能完全避免两流体的混合。

4.2 冶金换热器的计算

本设计要求：进入换热器的平均烟气流量 $V_h = 1.95\ m^3/s$；进入换热器烟气的温度 $t_{h.i} = 700℃$；进入换热器空气的标况流量 $V_c = 1.53\ m^3/s$；进入换热器的空气温度 $t_{c.i} = 20℃$；离开换热器的空气温度 $t_{c.o} = 350℃$；地下水平烟道的断面尺寸为 $W \times H = 1392\ mm \times 1700\ mm$。烟气成分（体积百分比）为：$CO_2$ 5.85%，SO_2 6.70%，H_2O 3.70%，O_2 4.65%，N_2 79.10%。根据以上条件，设计一个烟气预热空气的换热器。

4.2.1 换热器的初步确定

（1）流道安排、流动方式及行程的确定。烟道式换热器一般不设金属外壳，空气在管内流动，烟气在管外流动。由于换热器设置在水平烟道内，烟气与空气设计成正交逆流流动。受烟道高1700 mm的限制，空气每个行程的换热管有效长度初步设计为1600 mm，换热器设计成 $1-2n$（$2n$ 表示管程为偶数）行程，即烟气为1行程，空气为 $2n$ 行程。

（2）换热管规格。选用 $\phi60\ mm \times 3.5\ mm$ 热轧无缝钢管，规格满足GB 6479—2000的要求。

（3）换热管排列。考虑清灰方便，管群按正方形排列，并取管中心距 $S_1 = S_2 = 2d = 2 \times 0.06 = 0.12\ m$。取空气在管内的标况流速 $\omega_c = 10\ m/s$，管内径 $d_i = 0.053\ m$，其流通截面积 $f_0 = 0.0022\ m^2$。

所以，一个行程空气侧需要流通面积(f)为：

$$f = \frac{V_c}{\omega_c} = \frac{1.53}{10} = 0.153\ m^2 \tag{4-1}$$

一个行程需要换热管根数 n 为：

$$n=\frac{f}{f_0}=\frac{0.153}{0.0022}=70\ \text{根} \tag{4-2}$$

烟道断面宽度 $B=1.392$ m，则在其宽度上排列的换热管列数 m 为：

$$m=\frac{B-3d}{S_1}=\frac{1.392-3\times0.06}{0.12}=10\ \text{列} \tag{4-3}$$

顺烟气流向排列 M 排，则 $M=\frac{n}{m}=\frac{70}{10}=7$ 排

一个行程管群的排列如图 4-2 所示。

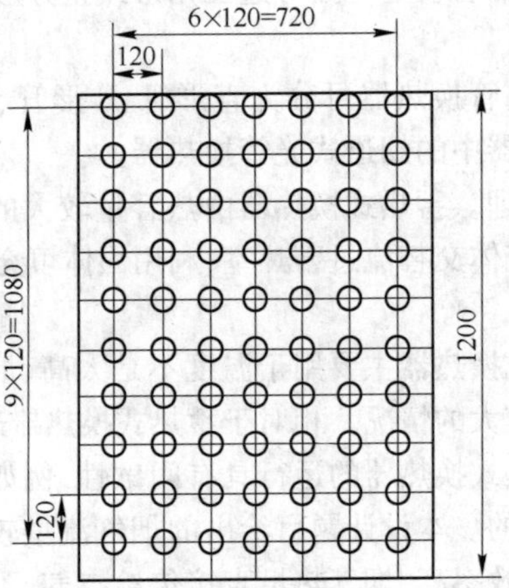

图 4-2　管群排列图（单位：mm）

4.2.2　换热器的热计算

在换热器热计算中，假定换热器无热损失；两流体在换热器中无流量损失、无相变、比热容不变，仅有热量的变化。

(1) 有效换热量 Q。有效换热量，指空气从 20℃（$t_{c.i}$）加热到 350℃（$t_{c.o}$）时从烟气中吸收的热量。由于相应温度下空气的比热容分别为 $c_{c.i}=1302$ J/(m^3 · ℃) 和 $c_{c.o}=1349$ J/(m^3 · ℃)，则有效换热量 Q 为：

$$Q=V_c(t_{c.o}c_{c.o}-t_{c.i}c_{c.i}) \tag{4-4}$$

解得：$Q=682548.3$ W

(2) 烟气出口温度的确定。根据热平衡方程，在换热器内空气吸热等于烟气放热。首先，假定烟气出口温度 $t_{h.o}=500$℃，其比热容 $c_{h.o}=1464$ J/(m^3 · ℃)，对应烟气入口温度 $t_{h.i}=700$℃ 的比热容 $c_{h.i}=1504$ J/(m^3 · ℃)，按热平衡求出烟气出口温度 $t_{h.o}$，即：

$$t_{h.o}=\frac{V_{h.i}c_{h.i}t_{h.i}-Q}{V_{h.o}c_{h.o}} \tag{4-5}$$

式中，$V_{h.i}=V_{h.o}=V_h=1.95$ m^3/s。

解得：$t_{h.o}=480$℃

与原先假定烟气出口温度 $t_{h.o}=500$℃ 的差值小于 4%，故可确定烟气出口温度为 $t_{h.o}=480$℃。

(3) 流体对数平均温差 Δt_{LM}。逆流时，流体在换热器入口和出口的温差分别为：

$$\Delta t_i=t_{h.i}-t_{c.o}=700-350=350℃$$

$$\Delta t_{\mathrm{o}} = t_{\mathrm{h.o}} - t_{\mathrm{c.i}} = 480 - 20 = 460℃$$

则流体对数平均温差为:

$$\Delta t'_{\mathrm{LM}} = \frac{\Delta t_{\mathrm{i}} - \Delta t_{\mathrm{o}}}{\ln \dfrac{\Delta t_{\mathrm{i}}}{\Delta t_{\mathrm{o}}}} = \frac{350 - 460}{\ln \dfrac{350}{460}} = 402℃ \tag{4-6}$$

查《有色冶金炉设计手册》,正交逆流时温差补正系数 $\varepsilon_{\Delta t} = 0.98$,则对数平均温差进一步修正为:

$$\Delta t_{\mathrm{LM}} = \varepsilon_{\Delta t} \Delta t'_{\mathrm{LM}} = 0.98 \times 402 = 394℃ \tag{4-7}$$

(4) 管内空气侧传热系数 α_{c}。

空气在管内的标况流速 ω_{c}:

$$\omega_{\mathrm{c}} = \frac{V_{\mathrm{c}}}{Nf_0} = \frac{1.53}{70 \times 0.0022} = 9.94\ \mathrm{m/s} \tag{4-8}$$

空气平均温度 $t_{\mathrm{c.m}}$ 为:

$$t_{\mathrm{c.m}} = \frac{1}{2}(t_{\mathrm{c.i}} + t_{\mathrm{c.o}}) \tag{4-9}$$

解得:$t_{\mathrm{c.m}} = 185℃$

空气在管内流动的雷诺数 Re_{c} 为:

$$Re_{\mathrm{c}} = \frac{\omega_{\mathrm{c}} d_{\mathrm{i}}}{V_{\mathrm{c}}} (1 + t_{\mathrm{c.m}}/273)^{1-1.66} \tag{4-10}$$

解得:$Re_{\mathrm{c}} = 2.68 \times 10^4$

由于雷诺数大于 1×10^4,可知空气在管内处于湍流状态,其传热系数可按空气在套管内湍流运动计算公式进行计算,即:

$$\alpha_{\mathrm{c}} = 3.63 \frac{\omega_{\mathrm{c}}^{0.8}}{d_{\mathrm{i}}^{0.2}} (1 + \beta t_{\mathrm{c.m}})^{0.23} k_L k'_t k_R k_D \tag{4-11}$$

式中 β——气体膨胀系数,1/℃,这里取1/273;

k_L——管道入口段修正系数,当 $L/d = 1.6/0.053 = 30$ 时,取 $k_L = 1.05$;

k'_t——热流方向补正系数,$k'_t = \left(\dfrac{273 + t_{\mathrm{c.m}}}{273 + t_{\mathrm{w.m}}}\right)^{0.5} = \left(\dfrac{273 + 185}{273 + 400}\right)^{0.5} = 0.825$($t_{\mathrm{w.m}}$ 为换热器的壁温,假设为400℃);

k_R, k_D——分别为弯管弯曲修正系数和套管修正系数。

对于直管,系数 k_R 及 k_D 为1,带入数值后得:

$$\alpha_{\mathrm{c}} = 3.63 \times \frac{9.94^{0.8}}{0.053^{0.2}} \times \left(1 + \frac{185}{273}\right)^{0.23} \times 1.05 \times 0.825 \times 1 \times 1 \tag{4-12}$$

解得:$\alpha_{\mathrm{c}} = 39.8\ \mathrm{W/(m^2 \cdot ℃)}$

(5) 管外烟气侧传热系数 α_{h}。

1) 烟气对流传热系数 $\alpha_{\mathrm{h.c}}$。管内为正方形排列的管群在垂直烟气流向断面处换热管长度 $L = 1.6\ \mathrm{m}$,管群在最窄截面处的截面面积 f_{n} 为:

$$f_{\mathrm{n}} = (S_1 - d)L \tag{4-13}$$

解得:$f_{\mathrm{n}} = 0.096\ \mathrm{m^2}$

管群最窄截面处的烟气流速 ω_{h} 为:

$$\omega_{\mathrm{h}} = \frac{V_{\mathrm{h.i}}}{(m-1)f_{\mathrm{n}}} \tag{4-14}$$

解得：$\omega_h = 2.26\ m/s$

烟气平均温度 $t_{h.m}$ 为：$t_{h.m} = \frac{1}{2}(700 + 480) = 590℃$

对正方形排列的管群，其当量直径 d_c 为：

$$d_c = \frac{2(S_1 - d)L}{S_1 - d + L} \tag{4-15}$$

解得：$d_c = 0.116\ m$

烟气流动的 Re_h 为：

$$Re_h = \frac{\omega_h d_c}{V_h}(1 + t_{h.m}/273)^{1-1.73} \tag{4-16}$$

解得：$Re_h = 9263$

由于烟气的雷诺数：$10^3 < Re_h < 10^4$，烟气对管群的对流传热系数可按烟气在套管内湍流运动计算公式进行计算，即：

$$\alpha_{h.c} = 5.71 \frac{\omega_h^{0.6}}{d_c^{0.4}}(1 + \beta t_{h.m})^{0.58} c_H \varphi k'_p k_\varphi k'_{H_2O} \tag{4-17}$$

式中 ω_h——气体流速，对外列管群取最窄截面处的流速，m/s；

d_c——管道当量直径，m；

$t_{h.m}$——气体平均温度，℃；

c_H——管道排列方式补正系数；

φ——管列数补正系数；

k'_p——温度换算系数；

k_φ——流体冲击角补正系数；

k'_{H_2O}——烟气含 H_2O 量补正系数。

当 $S_2/d = 0.12/0.06 = 2$ 时，取 $c_H = 1.03$、$\varphi = 0.92$、$k'_p = 1.009$、$k'_{H_2O} = 0.99$，烟气垂直流过管群 $k_\varphi = 1.0$，代入数值后，得出烟气对流传热系数 $\alpha_{h.c}$。

解得：$\alpha_{h.c} = 47.1\ W/(m^2 \cdot ℃)$

2）烟气辐射传热系数 $\alpha_{h.r}$。对于 $S_1 = S_2 = 2d$ 排列的管群，烟气辐射的有效射线长度 $l = 3.5d = 3.5 \times 0.06 = 0.21\ m$；按烟气成分：$CO_2$ 5.85%，H_2O 3.7%，在烟气平均温度 $t_{h.m} = 590℃$ 时，取 $\varepsilon_{CO_2} = 0.09$，$\varepsilon_{H_2O} = 0.05$，$\beta = 1.08$，则烟气在自身温度（590℃）和壁温（400℃）下的辐射率分别为：

$$\varepsilon_{h.g} = \varepsilon_{CO_2} + \beta\varepsilon_{H_2O} = 0.09 + 1.08 \times 0.05 = 0.144$$

$$\varepsilon_{h.w} = \varepsilon_{CO_2} + \beta\varepsilon_{H_2O} = 0.08 + 1.08 \times 0.064 = 0.149$$

因此，系统的辐射率 $\varepsilon_{h.f}$ 为：

$$\varepsilon_{h.f} = \frac{5.67}{\frac{1}{\varepsilon_{h.g}} + \frac{1}{\varepsilon_{h.w}} - 1} \tag{4-18}$$

解得：$\varepsilon_{h.f} = 0.45$

烟气对管群的辐射传热系数 $\alpha_{h.r}$ 为：

$$\alpha_{h.r} = \varepsilon_{h.f} \frac{\frac{\varepsilon_{h.g}}{\varepsilon_{h.w}}\left(\frac{T_{h.m}}{100}\right)^4 - \left(\frac{T_{w.m}}{100}\right)^4}{t_{h.m} - t_{w.m}} \tag{4-19}$$

解得：$\alpha_{h.r} = 7.91\ W/(m^2 \cdot ℃)$

则烟气侧传热系数 α_h 为：

$$\alpha_h = \alpha_{h.c} + \alpha_{h.r} \tag{4-20}$$

解得：$\alpha_h = 55.1\ W/(m^2 \cdot ℃)$

（6）总传热系数 K。不考虑管壁及污垢热阻时，换热器总传热系数 K 为：

$$K = \frac{\alpha_c \alpha_h}{\alpha_c + \alpha_h} \tag{4-21}$$

解得：$K = 23\ W/(m^2 \cdot ℃)$

（7）传热表面积 F'。

$$F' = \frac{Q}{K \Delta t_{LM}} \tag{4-22}$$

解得：$F' = 75.3\ m^2$

考虑换热器运行后的结垢影响和应留有适当的富余系数，最后确定换热器的传热表面积 F 为：

$$F = 1.10 \quad F' = 1.10 \times 75.3 = 83\ m^2$$

（8）空气侧行程数的确定。$\phi 60\ mm \times 3.5\ mm$ 的换热管以外径计算的每米长的表面积为 $f = 0.188\ m^2/m$，在一个行程内排 $L = 1.6\ m$ 的换热管 70 根，则一个行程具有的换热面积为 $F_i = 0.188 \times 1.6 \times 70 = 21\ m^2$，则换热器的行程数为：$n = \frac{F}{F_i} = \frac{83}{21} = 3.95$ 行程，取 $n = 4$。因此，换热器的真实传热面积为：

$$F_{真实} = nF_i = 4 \times 21 = 84\ m^2$$

换热器的真实传热面积 $F_{真实}$ 大于传热表面积 F'，满足要求。

（9）换热器壁温计算。换热器平均壁温按式(4-23)计算：

$$t_{w.m} = \frac{\alpha_h t_{h.m} + \alpha_c t_{c.m}}{\alpha_h + \alpha_c} \tag{4-23}$$

解得：$t_{w.m} = 420℃$

此温度与前面计算过程所假设的 $t_{w.m} = 400℃$ 相差小于 5%，故可确认壁温 $t_{w.m} = 420℃$。

对于逆流式换热器，因最高壁温处于高温流体的入口端，因此需计算最高壁温，计算方法同上，只是采用入口端的各有关参数计算出入口端两流体的传热系数，再按上面计算壁温的公式求出最高壁温。经计算，高温流体入口端烟气侧（$\alpha_{h.i}$）和空气侧的传热系数（$\alpha_{c.i}$）分别为：

$$\alpha_{h.i} = 71\ W/(m^2 \cdot ℃), \alpha_{c.i} = 53.2\ W/(m^2 \cdot ℃) \tag{4-24}$$

则管壁的最高温度 $t_{w.max}$ 为：

$$t_{w.max} = \frac{\alpha_{h.i} + t_{h.i} + \alpha_{c.i} t_{c.o}}{\alpha_{h.i} + \alpha_{c.i}} \tag{4-25}$$

解得：$t_{w.max} = 550℃$

（10）流体出口温度验算。传热器计算时，流体平均温差分别是以烟气入口温度 700℃ 和出口温度 480℃、空气入口温度 20℃ 和出口温度 350℃ 计算出的，而烟气和空气的流量分别是 $1.95\ m^3/s$ 和 $1.53\ m^3/s$，用这些基本参数求出换热面积为 $75.3\ m^2$。考虑换热器运行后的结垢影响并留有适当的富余，致使换热表面积由 $75.3\ m^2$ 增加到 $84\ m^2$。若保持烟气入口条件及空气流量不变，则换热器运行初期将会因换热表面积增加而导致空气出口温度高于设计值，具体数值经计算确定如下：

1）空气出口温度验算。

空气水当量：$\omega_c = V_c \cdot c_{c.m} = 1.53 \times 1350 = 2070\ \text{W/℃}$

烟气水当量：$\omega_h = V_h \cdot c_{h.m} = 1.95 \times 1480 = 2886\ \text{W/℃}$

式中，$c_{c.m}$和$c_{h.m}$分别为换热条件下空气与烟气的比热容。

水当量之比为：

对空气 $$R_c = \frac{\omega_c}{\omega_h} = \frac{2070}{2886} = 0.717$$

对烟气 $$R_h = \frac{\omega_h}{\omega_c} = \frac{2886}{2070} = 1.394 \tag{4-26}$$

热传递单元数为：

对空气 $$(NTU)_c = \frac{KF}{\omega_c} = \frac{23 \times 84}{2070} = 0.93$$

对烟气 $$(NTU)_h = \frac{KF}{\omega_h} = \frac{23 \times 84}{2886} = 0.669$$

对正交逆流四行程换热器，由《换热器》（化学工业出版社，2008 年出版）给出的正交逆流换热器温度效率计算式，换热器温度效率按式（4-27）计算为：

$$E_c = 2 \times \left\{1 + R_c + (1 + R_c^2)^{0.5} \times \frac{1 + \exp[-(NTU)_c \times (1 + R_c^2)^{0.5}]}{1 - \exp[-(NTU)_c \times (1 + R_c^2)^{0.5}]}\right\}^{-1} \tag{4-27}$$

$$= 2 \times \left\{1 + 0.717 + (1 + 0.717^2)^{0.5} \times \frac{1 + \exp[-0.93 \times (1 + 0.717^2)^{0.5}]}{1 - \exp[-0.93 \times (1 + 0.717^2)^{0.5}]}\right\}^{-1} = 0.488$$

式中 E_c——冷流体传热有效度；

R_c——水当量之比；

$(NTU)_c$——热传热单元数。

则空气出口温度为：

$$t_{c.o} = E_c(t_{h.i} - t_{c.i}) + t_{c.i} = 0.488 \times (700 - 20) + 20 = 352℃$$

由验算结果可知，空气出口温度与设计要求的350℃基本相符。

2）烟气出口温度验算。烟气出口温度为：$t_{h.o} = t_{h.i} - R_c(t_{c.o} - t_{c.i}) = 700 - 0.717 \times (352 - 20) = 462℃$，可知该结果与热计算预先假定的480℃相近。

4.2.3 流体流动压降计算

压降计算示意图见图 4-3。

（1）空气流动压降。

1）摩擦压损。

空气平均温度为：$t_{c.m} = \frac{1}{2}(t_{c.i} + t_{c.o}) = \frac{1}{2}(350 + 20) = 185℃$

管内空气流动雷诺数 $Re_c = 2.86 \times 10^4$（见传热计算），属于湍流流动，其摩擦阻力系数为：

$$\lambda = \frac{f_{内} \cdot \varphi}{Re_c^{0.12}} = \frac{0.129 \times 0.12}{(2.68 \times 10^4)^{0.12}} = 0.04 \tag{4-28}$$

式中 $f_{内}$——ϕ60 mm × 3.5 mm 的换热管以内径计的每米长表面积为 $f_{内} = 0.129\ \text{m}^2/\text{m}$；

φ——管内空气以每米长计的摩擦阻力系数，取 0.12/m。

空气在管内的流速 $\omega_c = 9.94\ \text{m/s}$，其摩擦压损按手册提供的公式计算如下：

$$\Delta P_f=\lambda_c\frac{L}{d_c}\times\frac{\omega_c^2\rho_0}{2}(1+\beta t_{c.m})=0.04\times\frac{6.4}{0.053}\times\frac{(9.94)^2\times1.293}{2}\times\left(1+\frac{185}{273}\right)=518\ \text{Pa}\quad(4\text{-}29)$$

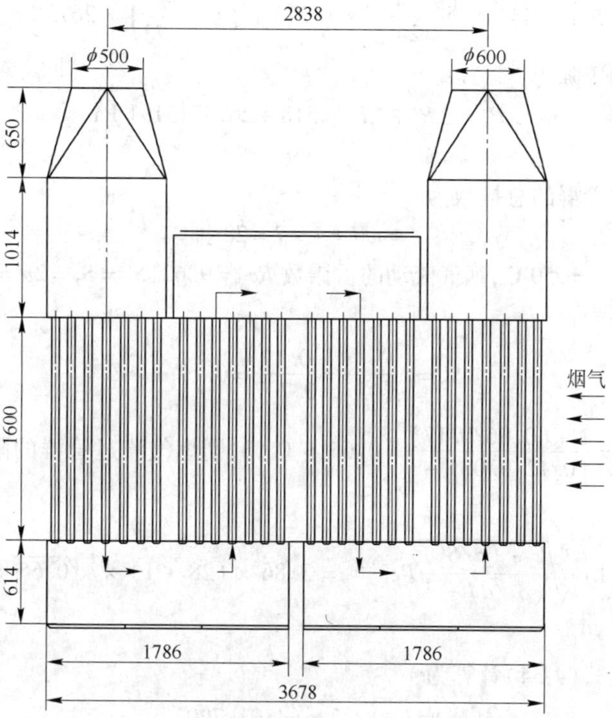

图 4-3　压降计算示意图(单位:mm)

2）形阻压损。空气入口渐扩段的入口圆管截面积$f_1=\frac{\pi}{4}d^2=\frac{3.14}{4}\times(0.52)^2=0.212\ \text{m}^2$,扩张处截面积$f_2=1.25\times0.84=1.05\ \text{m}^2$,则$f_1/f_2=0.212/1.05=0.2$。查《有色冶金炉设计手册》附录六得,其阻力系数为突然扩大局部阻力系数的 0.8 倍,而突然扩大阻力系数为:$\xi_{突扩}=(1-f_1/f_2)^2=(1-0.2)^2=0.64$,则入口渐扩系数为:$\xi_1=0.8\xi_{突扩}=0.8\times0.64\approx0.51$。

空气出口渐缩段的出口圆管截面积f_3为:

$$f_3=\frac{\pi}{4}d_{出}^2=\frac{3.14}{4}\times(0.62)^2=0.302\ \text{m}^2\quad(4\text{-}30)$$

$f_2/f_3=1.05/0.302=3.51$;又知出口缩角$\alpha=30°$,查《冶金炉设计手册》附录六得,出口渐缩局部阻力系数为:

$$\xi_5=0.47\sqrt{\tan\frac{\alpha}{2}(f_2/f_3)^2}=0.47\sqrt{\tan15°\times(3.51)^2}=3.0\quad(4\text{-}31)$$

查阅相关表格可知:换热管入口的局部阻力系数$\xi_2=2.5$,换热管出口$\xi_3=1.0$,空气在空气室内转 180°的局部阻力系数$\xi_4=2.0$,换热器空气入口与出口的温度补正系数按下式计算:

$$\xi_t=\frac{2(t_{c.o}-t_{c.i})}{273+t_{c.m}}=\frac{2\times(350-20)}{273+185}=1.44$$

则换热器内空气侧阻力系数为:

$$\sum\xi=\xi_1+\xi_2+\xi_3+\xi_4+\xi_5=0.5+4\times2.5+4\times1.0+3\times2.0+3.0=23.5$$

空气侧形阻压损按《有色冶金炉设计手册》提供的公式计算为:

$$\Delta P_d = \left(\sum \xi + \xi_t\right) \frac{\omega_{o.c}^2}{2} \rho_{o.c} (1 + \beta t_{c.m})$$

$$= (23.5 + 1.44) \times \frac{(9.94)^2}{2} \times 1.293 \times \left(1 + \frac{185}{273}\right) = 2673 \text{ Pa}$$

则换热器空气侧压降为：

$$\Delta P_c = \Delta P_f + \Delta P_d = 518 + 2673 = 3191 \text{ Pa} \tag{4-32}$$

（2）烟气侧压降。

沿烟气流动方向管群的总排数为：

$$Z = nM = 4 \times 7 = 28 \text{ 排}$$

烟气平均温度 $t_{h.m} = 950℃$，烟气流动的雷诺数 $Re_h = 9262$，$S_1 = S_2 = 2d = 2 \times 0.060 = 0.12$ m，换热管对角线中心距为：

$$S_2' = \frac{S_1}{\cos 45°} = \frac{0.12}{0.707} = 0.17 \text{ m}$$

由于$\dfrac{1-(d/S_2')}{(S_1/d)-1} = \dfrac{1-(0.06/0.17)}{(0.12/0.06)-1} = 0.65 > 0.53$，则烟气流过管群的阻力系数按式(4-33)计算：

$$\sum \xi_{群} = 3.86(Z+1)\sqrt{\frac{1-(d/S_2')}{(S_1/d)-1}} Re_h^{-0.25} = 3.86 \times (28+1) \times \sqrt{0.65} \times (9262)^{-0.25} = 9.2 \tag{4-33}$$

温度补正系数按式(4-34)计算为：

$$\xi_1 = \frac{2(t_{h.o} - t_{h.i})}{273 + t_{h.m}} = \frac{2 \times (480 - 700)}{273 + 590} = -0.51 \tag{4-34}$$

则烟气流过管群的压降为：

$$\Delta P_h = \left(\sum \xi + \xi_1\right) \frac{\omega_h^2}{2} \rho_{o.h} (1 + \beta t_{h.m}) = (9.2 - 0.51) \times \frac{(2.25)^2}{2} \times 1.33 \times \left(1 + \frac{590}{273}\right) = 92 \text{ Pa} \tag{4-35}$$

4.3　换热器技术性能及总图

设计计算最后确定的换热器技术性能，见表4-1。

表4-1　84 m² 钢管换热器技术性能

序号	名　称	数值	序号	名　称	数值
1	传热面积/m²	84	10	烟气侧传热系数/W·(m²·℃)⁻¹	55
2	烟气标况流量/m³·s⁻¹	1.95	11	总传热系数/W·(m²·℃)⁻¹	23
3	烟气入口温度/℃	700	12	最高管壁温度/℃	550
4	烟气出口温度/℃	460	13	换热管规格/mm×mm	ϕ60×3.5
5	空气标况流量/m³·s⁻¹	1.53	14	高温段换热管质	1Cr18Ni9Ti
6	空气入口温度/℃	20	15	换热管长度/m	1.60
7	空气出口温度/℃	350	16	换热管根数/根	280
8	空气标况流速/m³·s⁻¹	9.94	17	空气压降/Pa	3191
9	空气侧传热系数/W·(m²·℃)⁻¹	39.8	18	烟气压降/Pa	92

根据表4-1进行换热器的布置，采用卧式四行程逆错流换热，烟气直行，加热的空气折流，以便于换热列管的清理。烟气道采用方形与半圆形结合的截面，加热的空气总管采用圆形截面。

设计计算最后确定的84 m^2 钢管换热器见图4-4，为1-4行程换热器。烟气从水平烟道流过，冷空气从图4-4(a)的左边流向右边，在管内流了四行程。在图4-4(b)中，烟道为矩形上半圆断面，由保温砖砌成。钢管的排列为正方形分布，如图4-4(c)所示。

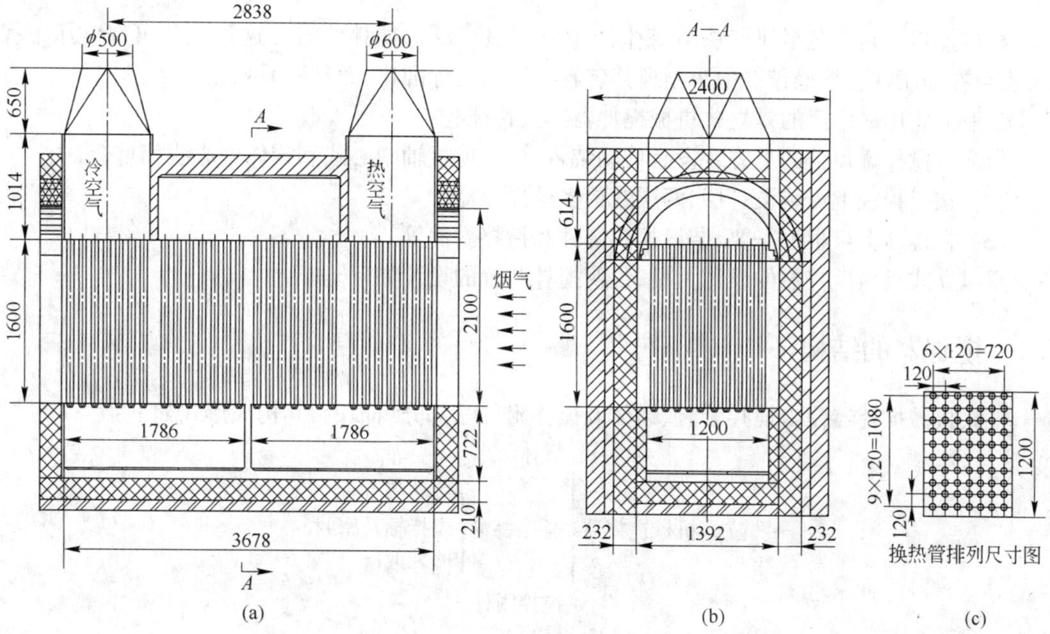

图4-4 84 m^2 钢管换热器的总图(单位:mm)

5 搅拌装置设计

机械搅拌器是有色金属湿法冶炼生产中应用最广泛的搅拌装置。这种设备可在常压下操作,也可在加压情况下操作。中小型搅拌装置在国内已标准化,而且有系列化产品。

工业上应用最广泛的是立式机械搅拌器。其特征有:

(1) 在搅拌罐顶盖的上方装设有传动装置,而且搅拌轴中心线和罐体中心线相重合;

(2) 在搅拌轴上可装设一层、两层或更多层搅拌器;

(3) 在罐体上可根据需要,装设换热部件和搅拌附件等。

现以立式机械搅拌器的设计为例,说明搅拌装置的设计如下。

5.1 搅拌器的结构

立式机械搅拌器是由搅拌装置、罐体及搅拌附件三部分组成的,其构成形式如下:

立式机械搅拌器
- 罐体
- 搅拌装置
  - 传动装置
  - 搅拌轴及密封
  - 搅拌器械
- 搅拌附件

5.1.1 罐体的结构

罐体是盛装被搅拌物料的容器,如图 5-1 所示。

常用的罐体是立式圆筒形容器,它有顶盖、圆筒和罐底,并通过支座安装在平台或基础上。为了满足不同湿法生产工艺的要求或搅拌设备自身结构的需要,一般在罐体上装有各种用途的部件,如连接底座、进出料液管、检测部件和换热部件等。

罐体的部件种类繁多,根据搅拌设备的特点,本节着重介绍其中常用部件的结构类型。当进行罐体设计时,凡是与一般压力容器相同的零部件,均应按照有关标准规范和压力容器设计参考资料进行设计。例如,圆筒、封头(顶盖或罐底)的强度设计以及安全放散阀、支座、开孔补强、管法兰和设备法兰的设计等。

在湿法冶炼生产中,许多溶液具有强烈的腐蚀性,会使罐体内壁上产生严重的腐蚀。为了防止溶液腐蚀,常在罐体内壁上衬以耐腐蚀的金属或非金属材料。

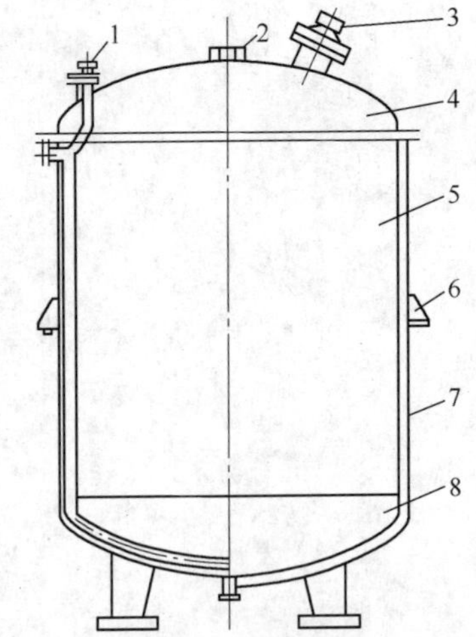

图 5-1　罐体的结构

1—压出管;2—连接底座;3—人孔;4—顶盖;5—圆筒;6—支座;7—夹套;8—罐底

5.1.1.1 罐体的盛装物料系数

罐体的盛装物料系数是搅拌设备的主要参数之一。该系数是指罐体的有效容积(即操作时盛装物料的容积）与罐体的几何容积（全容积）之比，即：

$$K_c = \frac{V}{V_j} \tag{5-1}$$

式中　K_c——盛装物料系数；

V——罐体的有效容积，m^3；

V_j——罐体的几何容积，m^3。

搅拌设备中的盛装物料系数 K_c 一般根据实际生产条件或试验结果确定，通常可在 0.60～0.85 之间取值。如果物料在搅拌过程中要起泡沫或呈沸腾状态，应取低值；若物料在搅拌过程中平稳，则可取高值。当硫化镍电解阳极泥在搅拌罐内加热融硫和沸腾炉烟灰在搅拌罐内浆化时，K_c 分别约为 0.65 和 0.75。

5.1.1.2　罐体高径比

罐体的圆筒高度和内径如图 5-2 所示。罐体的圆筒高度与内径之比，称为罐体的高径比，即：

$$K_g = \frac{H}{D} \tag{5-2}$$

式中　K_g——罐体高径比；

H——圆筒高度，m；

D——罐体内径，m。

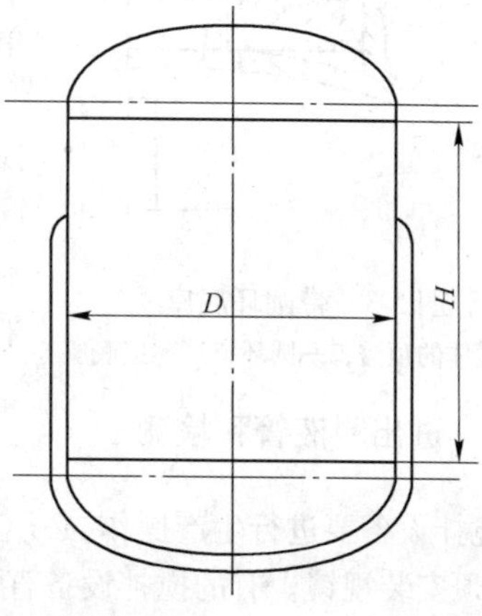

图 5-2　罐体的圆筒高度（H）和内径（D）

选择罐体的高径比 K_g 应考虑下面几个主要因素：

（1）罐体高径比 K_g 对搅拌器功率的大小有较大影响。一定结构的搅拌器，其直径同罐体内径有一定比例关系。随着罐体高径比 K_g 减小，即高度 H 减小，内径 D 增大，搅拌器的直径也相应增大。在固定的搅拌转速下，搅拌器功率增加很多，这对需要较大功率的搅拌过程是适宜的，否则高径比 K_g 可考虑大些。

（2）罐体高径比 K_g 对夹套传热效果也有较大影响。在容积一定时，高径比 K_g 越大，则罐体接触料液部分的表面积越大，夹套的传热面积越大，传热表面距离罐体中心越接近，料液的温度梯度越小，对提高传热效果有利。因此，单从夹套传热角度考虑，一般高径比 K_g 要设计得大一些。

（3）某些物料的搅拌过程要求有较大的高径比 K_g，如发酵罐类，为了使通入罐体内的空气与发酵液有充分的接触时间，需要有足够的液面高度，这就希望高径比 K_g 略大些。

几种搅拌罐高径比 K_g 的推荐值，可参照表 5-1。

表 5-1　几种搅拌罐高径比 K_g 的推荐值

种　类	罐体内物料类型	K_g
一般搅拌罐	液-固相或液-液相物料	1.0～1.3
发酵罐类	气-液相物料	1.0～2.0
溶液净化器	少量固相的悬浮液物料	1.70～2.50

5.1.2　顶盖、罐底和底座

(1) 顶盖。立式搅拌罐罐体的顶盖在常压下或受压下操作时,常分别选用平盖和椭圆形盖。在椭圆形顶盖上安装搅拌装置时,通常由顶盖承担搅拌器的操作载荷。当搅拌器的操作载荷对顶盖的稳定性影响不大时,顶盖的厚度可不另外加强,否则可适当增大顶盖的厚度。当搅拌器操作载荷(如弯曲力、轴向力和机械振动力等)较大或罐体的刚性较差时,都应在罐体之外另设承载框架。

(2) 罐底。搅拌设备的罐底一般有三种形式:平底、椭圆形和锥形。平底罐仅适用于在常压状态下操作。

(3) 连接底座。连接底座焊在罐体顶盖上,用以连接减速器支架和轴封装置的部件。连接底座有整体式和分装式之分。常用连接底座的结构,如图5-3所示。

连接底座与封头顶盖接触处做成平面,加工方便,结构简单。在连接底座外周焊有一圆环并与顶盖焊成一体。

为了保证既与减速器牢固地连接,又使穿过轴封装置的搅拌轴顺利运转,要求轴封装置与减速器安装时要有一定的同轴度,这时常用整体式连接底座。当减速器连接底座与轴封连接底座的直径相差很大时,连接底座做成一体不经济,则采用分装式连接底座。

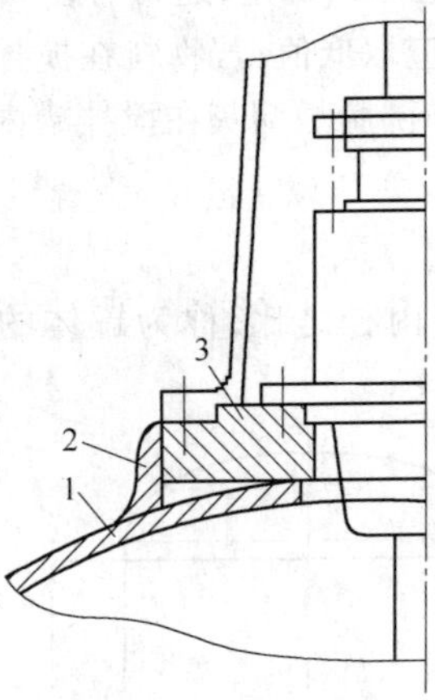

图5-3　带圆环底座

1—罐体的顶盖;2—圆环;3—连接底座

5.1.3　进出料液管和检测

搅拌设备要进行生产操作,必须有进、出的料液管。为了观察搅拌设备的料液搅拌和反应情况,必须安装视镜。有的搅拌设备直径较大,内部又要经常检查或进行人工清理,还必须安装人孔。另外,搅拌设备上应备有检测仪表的管口,如温度计口、压力计口等。

(1) 进料液管。搅拌设备的进料液管一般都是从顶盖引入,进料液管的结构如图5-4所示。这种进料液管下端的开口截成45°角,并朝向搅拌器中央,可减少料液飞溅到罐体内壁上。

进料液管能够抽出,用于易腐蚀、易堵塞的料液,清洗和检修都比较方便。

(2) 出料液管。搅拌设备有压出料液管和下出料液管等。

压出料液管适用于搅拌罐上出料。当罐体的顶盖采用可拆连接时,压出料液管的结构如图5-5所示。采用压出料液管出料时,在搅拌设备内充压缩空气或惰性气体,靠气体的压力作用使罐体内料液自出液管底部管口压出,输送到下道工序的设备中。为减少搅拌时引起的出液管晃动,在罐体内要用固定管卡或活动管卡(见图5-5(b))将压出料液管固定。为将罐体内的料液全部压出,压出料液管的下端管口应安装在罐体的最低处,为加大压出料液管的入口截面,下管口可截成45°~60°

搅拌设备的下出料液管和一般容器一样,应设置在罐体的最低处。当罐体外面焊接有不可拆卸的整体夹套时,下出料液管的结构如图5-6所示。图中,下出料管与罐体、夹套同时焊在一起,它适用于罐体温度与夹套壁温度大致相等的场合。

当罐体外面有可拆的整体夹套时,下出料液管与夹套的间隙需采用密封装置来密封,其密封形式可选用填料式结构,如图5-7(a)所示。为了能够装卸夹套,下出料液管的法兰盘应选用可拆连接,图5-7(b)所示为螺纹连接。

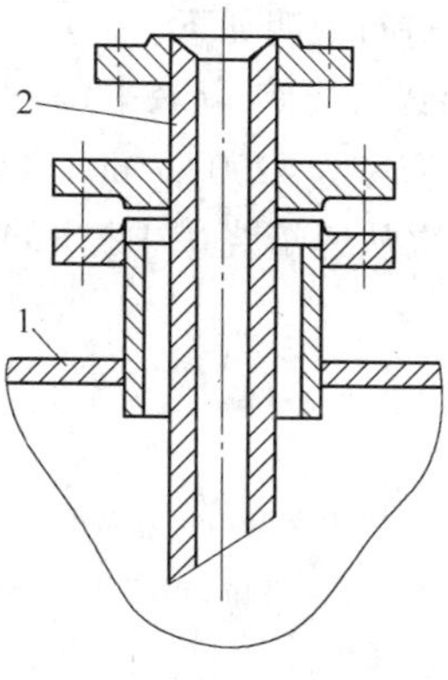

图 5-4　进料液管的结构

（法兰活套式）

1—顶盖；2—进料液管

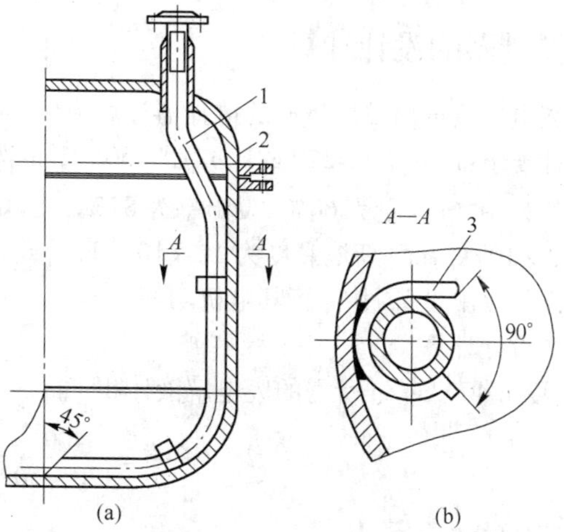

图 5-5　压出料液管的结构

（a）主体半剖图；（b）A—A 面剖视图

1—压出料液管；2—可拆罐体；3—活动管卡

（3）温度计套管。搅拌设备内料液的温度主要利用放在套管中的长温度计或热电偶来进行测量。温度计套管的结构如图 5-8 所示。这类套管是用金属材料制作的，常用材料有碳素钢、不锈钢和镍基合金等。当搅拌黏度很高的料液时，温度计套管受到很大的弯曲力矩，为防止管子弯曲或折断，套管的上部壁要厚一些或者采用多层套管。多层套管除最里层外，其余各层套管都要钻平衡孔，使套管夹层中的气体与大气相连通。为了建立良好的传热条件，可在套管内注入一些机油或其他高沸点液体，然后把温度计或热电偶插入套管。

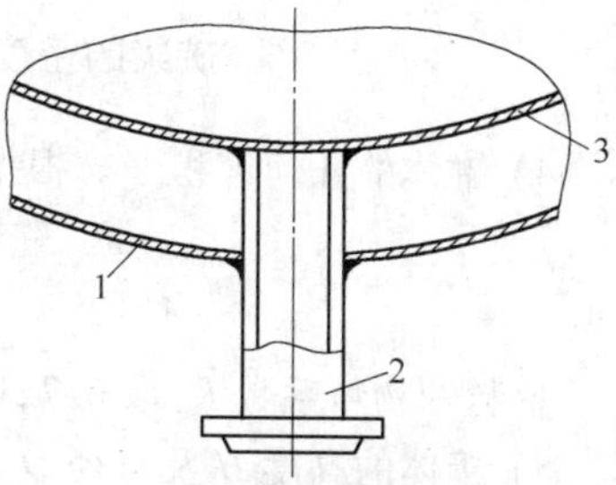

图 5-6　下出料液管的结构

1—夹套壁；2—下出料液管；3—罐体

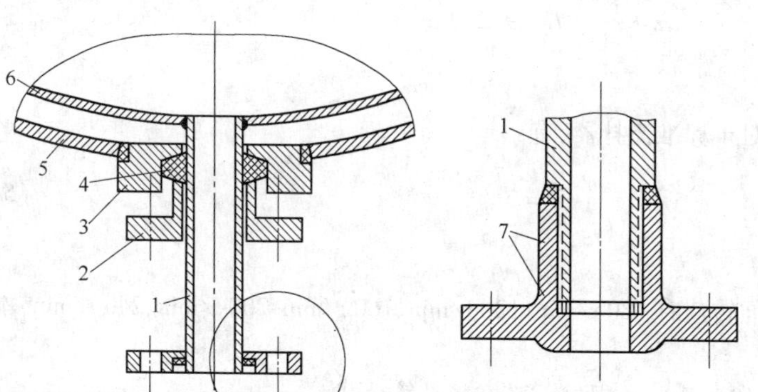

图 5-7　密封填料式结构

（a）主体结构图；（b）圆圈部分局部放大图

1—下出料液管；2—压盖；3—填料箱；4—填料；5—夹套壁；6—罐体；7—螺纹法兰

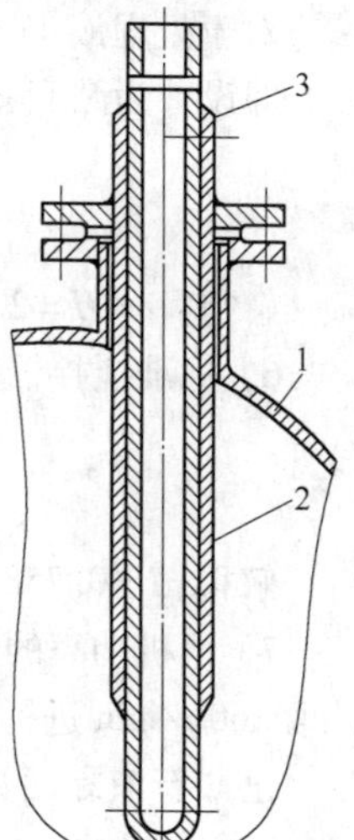

图 5-8　温度计套管结构

1—罐体；2—套管；

3—密封垫

5.2　搅拌器的设计计算

以废电解液浸出锌焙烧矿的搅拌器计算为例,对其设计过程进行说明如下。

设计要求:用 $\rho_{H_2SO_4}=220$ g/L、$\rho_{Zn^{2+}}=50$ g/L 的废电解液浸出锌焙烧矿;新液中 $\rho_{Zn^{2+}}=120$ g/L,锌焙烧矿中 Zn 含量为60%,浸出率为87%。已知废电解液的密度为1200 kg/m³,焙烧矿的密度为 4.2×10^3 kg/m³,新液黏度为 12×10^{-3} Pa · s。设计一个一次从锌焙烧矿中提取 400 kg Zn 的立式搅拌浸出设备,并计算其电机功率。

(1)设计计算。

1)浸出 400 kg Zn 所需的废电解液体积 V。

$$V=\frac{m}{\rho}=\frac{400}{120-50}=5.714\ \text{m}^3 \tag{5-3}$$

2)锌焙烧的质量 M。

根据公式:$M\times60\%\times87\%=400$,　(5-4)

则有:$M=766.284$ kg,相应占有体积取 0.76 m³。

3)矿浆密度。根据废电解液的密度 1200 kg/m³ 及焙烧矿的密度 4.2×10^3 kg/m³,则:

$$\text{矿浆的密度}=\frac{766.284+5.714\times1200}{766.284/4200+5.7}=1295.9\ \text{kg/m}^3$$

4)罐体的几何容积 V_j。根据式(5-1),有:

$$V_j=\frac{V}{K_c} \tag{5-5}$$

盛装的物料系数 K_c 取 0.7,$V=5.7+0.76=6.46$ m³,则 $V_j=9.229$ m³。

5)罐体的高度 H 及直径 D。根据罐体的高径比计算式(5-2):

$$K_g=\frac{H}{D}$$

对于处理液-固相或液-液相物料的一般搅拌罐,K_g 的取值范围为 1.0 ~ 1.3。本设计取 $K_g=1.0$,即设计为圆底,罐体的高度 H = 罐体的直径 D,则有:

$$\pi\cdot\frac{D^2}{4}\cdot H=9.229\ \text{m}^3 \tag{5-6}$$

解得:$D=H=2.274$ m

6)标准搅拌器的选取。对于标准搅拌器,有:

$$\frac{D}{d}=3 \tag{5-7}$$

解得:$d=0.758$ m

7)电机功率的选取。标准转速有:80 r/min、120 r/min、160 r/min、200 r/min、240 r/min,本设计取 160 r/min 进行计算。

已知新液黏度为 $\mu=12\times10^{-3}$ Pa · s,根据雷诺准数计算公式:

$$Re=\frac{\rho\cdot n\cdot d^2}{\mu} \tag{5-8}$$

解得:$Re=1.655\times10^5>10^4$。再根据搅拌功率的计算公式,即:

$$P=6.1\times\rho\times n^3\times d^5 \tag{5-9}$$

解得：$P = 6.1 \times 1293 \times (160/60)^3 \times 0.758^5 = 37475.5\ \text{W}$，即为 3.75 kW。

由于功率已经能够满足要求，没有必要加挡板。

（2）搅拌器的选用。用机械搅拌的方式，可使固体锌焙烧矿悬浮于废电解液中，实现焙烧矿中氧化锌与硫酸反应，形成硫酸锌溶解于水中。

给电解液加热是通过蒸汽完成的。在反应的夹套中，蒸汽冷凝成水，把热量传递给反应器壁，再传给废电解液，保持反应温度为85℃。

用液体浸出固体中金属的过程，要求固体物料中金属含量较高，如锌焙矿要求其含锌量大于55%，且固体颗粒要有一定粒度，通常在0.074～0.12 mm范围内。

6 液固分离设备设计

冶金液固分离设备有沉降槽、离心机和过滤机三大类，本章以沉降槽设计为例来说明冶金液固分离设备的设计过程。沉降操作是指，在某种力场中利用分散相和连续相之间的密度差异，使之发生相对运动而实现分离的操作过程。其作用力可以是重力，也可以是惯性离心力。因此，沉降过程有重力沉降和离心沉降两种方式。

6.1 沉降槽概述

高效浓缩机实际上并不是单纯的沉降设备，而是结合泥浆层过滤特性的一种新型脱水设备。其特点是：(1) 添加絮凝剂以增大沉降固体颗粒的粒径，从而加快沉降速度；(2) 装设倾斜板以缩短矿粒沉降距离，增加沉降面积；(3) 发挥泥浆沉积浓相层的絮凝、过滤、压缩和提高处理量的作用；(4) 配备有完整的自控设施。

高效深锥沉降槽是加大锥体深度的沉降槽，目前已在赤泥沉降、铝土矿洗泥沉降、锌浸出后悬液沉降、置换沉降及结晶沉降等领域使用，其运转稳定，分离效果好。

卧式重力沉降槽常用于分离两种不互溶的液体混合物，以往多用试差法或经验方法设计，这些方法计算费时或结果过于保守，因而增加了不必要的投资费用。有关液液分离设备的设计文献较少，一般书籍也只有较少的论述。卧式重力沉降槽简图如图 6-1 所示。

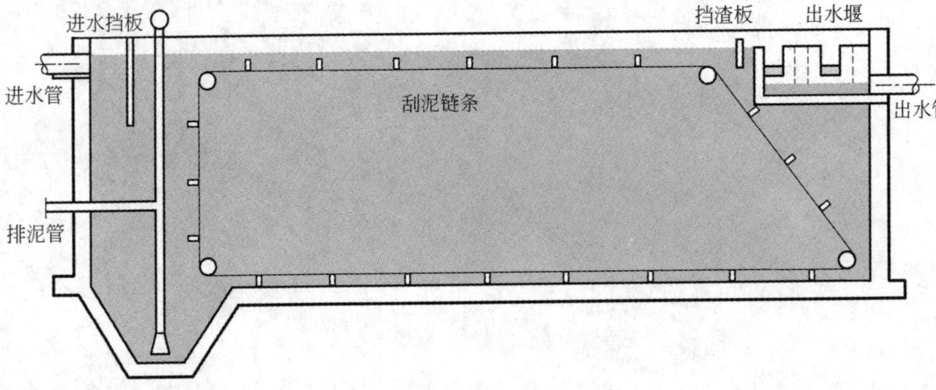

图 6-1　卧式重力沉降槽简图

离心式沉降机是利用离心沉降的原理分离悬浮液或乳浊液的机械，也称为旋流器。通常用离心式沉降机分离乳浊液。分离乳浊液的管式离心机，转鼓由转轴带动旋转。乳浊液由底部进入，在转鼓内从下向上流动的过程中，由于两种液体的密度不同而分成内、外两液层，外层为重液层，内层为轻液层。到达顶部后，轻液与重液分别从各自的溢流口排出。管式离心机用于分离悬浮液时，应把重液排出口堵死，以便颗粒沉降在转鼓内壁。运转一段时间后，停车卸渣，并清洗机器。

冶金沉降槽的选择要考虑以下因素：

(1) 生产能力。高效深锥沉降槽的物料处理量是一般普通型沉降槽的 15 倍以上，底流压缩性能是普通沉降槽的近10倍。普通槽处理单位固体量所需沉降面积为0.47～0.93 $m^2/(t \cdot d)$；而高效沉降槽仅为0.028～0.056 $m^2/(t \cdot d)$，甚至低至0.014 $m^2/(t \cdot d)$。

（2）进料系统的先进性。高效深锥沉降槽以先进的絮凝剂技术为基础，故用于分离含微细颗粒矿浆时的效果好。矿浆中的颗粒必须相互碰撞才能被絮凝剂搭桥形成絮团，进料系统就是保证矿浆产生紊流从而增加颗粒间的碰撞机会，同时与絮凝剂发生很好的混合，快速形成絮团并保护絮团不受破坏的媒体。矿浆在进料管中加水稀释到适当浓度后，再经文丘里管在一定的压力下进入喂料井，并在喂料井中加入絮凝剂，令其与矿浆很好地混合，当矿浆中颗粒在紊流中发生相互碰撞时就能迅速形成絮团。配合使用优质的高分子絮凝剂可形成最佳的絮凝黏结效果。合理的结构设计，使物料在加料稀释、絮凝剂添加及絮凝物形成过程中形成的絮状物受到最小化的破坏，从而使得除渣效率实现最大化。

（3）底流固含高，溢流悬浮物少。氧化铝生产用新型高效沉降槽的底流固含可高达46%～53%，普通沉降槽只有30%左右；新型高效沉降槽的溢流悬浮物可少于200 mg/L，而普通沉降槽的溢流悬浮物为500～600 mg/L。氧化铝生产用高效沉降槽的工艺指标为：末次洗涤清液固含不高于0.2 g/L，末次洗涤底流固含为46%～53%，末次洗涤底流附碱不大于5 kg/t。

（4）沉降槽的扭矩大（最大扭矩达百万牛米）。有特殊结构的大扭矩传动系统可实现不停机，保证生产长期正常运行。对于任何一种沉降槽来说，耙驱动都是一个关键部分，高含固量及高压缩比意味着耙驱动应能满足重载、长周期稳定运行的要求。高效深锥沉降槽驱动装置采用多头同时驱动、重载型回转轴承、油浴润滑，以满足上述要求。精确的仪表可对工作扭矩进行高精度测量，以及时反馈到计算机中心。

（5）测控系统的先进性。高效深锥沉降槽可以对物料工作状况进行全方位测控，与DCS系统组成一闭环控制系统；将生产过程中的相关辅助设备以及工艺参数等集成为一体，从而可以实现全自动控制。该装置消化吸收国外技术，运用超声波对物位、固含等参数进行实时测定，从而为自动控制提供更可靠的数据。

6.2　沉降槽的设计

（1）沉降速度的计算。

1）图解法：由于沉降速度未知，雷诺数无法计算，图解法需要进行试差计算。

2）公式法：将以上阻力系数关系式代入自由沉降速度的计算式中，可得到计算沉降速度的公式。由于沉降速度未知，雷诺数无法计算，公式法也需要进行试差计算。试差计算步骤如下：

第一步，假设沉降处于层流区，由Stokes公式计算出沉降终速，代回到雷诺准数中求出 Re。如果 $Re<2$，计算证明“沉降处于层流区”的假设正确，计算结束。

第二步，如果上述计算的 $Re>2$，说明“沉降处于层流区”的假设错误，必须重新计算。再假设沉降处于过渡流区，由Allen公式计算出沉降终速，代回到雷诺准数中求出 Re。如果 $1<Re<1000$，计算证明“沉降处于层流区”的假设正确，计算结束。

第三步，如果上述计算的 Re 不在 $1<Re<1000$ 范围内，说明“沉降处于过渡流区”的假设错误，必须重新计算。再假设沉降处于湍流区，由Newton公式计算出沉降终速。

（2）影响沉降速度的因素。以上沉降过程为在重力作用下球形颗粒的自由沉降，所以应用以上计算过程时应满足以下条件：

1）颗粒为球形；

2）颗粒沉降时彼此相距较远，互不干扰；

3）容器壁对沉降的阻滞作用可以忽略；

4）颗粒直径不能小到受流体分子运动的影响。

在实际情况中还需考虑以下因素的影响：

1）干扰沉降；

2）端效应；

3）分子运动；

4）非球形；

5）液滴或气泡的运动。

悬浮液的沉降过程一般出现清液区、等浓度区、变浓度区和沉聚区。若颗粒不均匀，则不出现等浓度区。悬浮液的沉降过程中各个区的浓度增大，颗粒间沉降的相互干扰作用也增大。由于浓度增大，颗粒相互间絮凝成絮状下沉，沉降速度增大，属于干扰沉降，无法从理论上计算沉降速度、沉降时间，只能由实验来测定。

沉降槽用于分离悬浮液，可连续操作。其生产能力与底面积有关，在一定条件下与沉降槽高度无关。

悬浮液中加入电解质、絮凝剂等添加剂有利于絮凝现象的发生，可提高沉降速度；另外，提高悬浮液温度也可提高其沉降速度。

不论是降尘室还是沉降槽，都是利用重力作用的原理达到分离的目的。对一定的分离体系，分离要求一定，则沉降速度确定。其分离能力有限，用于分离直径大于10 μm的颗粒较为适合；但对小于10 μm颗粒的分离，重力沉降无法实现，则改用离心沉降。

（3）重力式沉降槽的计算。

停留时间：
$$\tau_r = \frac{AH}{q_V} \tag{6-1}$$

沉降时间：
$$\tau_t = \frac{H}{u_t} \tag{6-2}$$

沉降室设计原则是停留时间大于沉降时间，即 $\tau_r \geqslant \tau_t$，至少 $\tau_r = \tau_t$，所以：

$$\frac{AH}{q_V} = \frac{H}{u_t}(q_V = Au_t) \tag{6-3}$$

式中　τ_r——停留时间，s；

τ_t——沉降时间，s；

A——降尘室底面积，m^2（$A = BL$，B 为沉降室宽度，L 为沉降室长度）；

H——降尘室高度，m；

q_V——含尘气体体积流量，m^3/s；

u_t——颗粒的沉降速度，m/s，u_t 应根据要分离的最小颗粒直径 $d_{P,min}$ 来决定。

含尘气体体积流量与气速之间是相关的，流量限制气速的大小，可为沉降室的尺寸设计提供依据。气速 $u = \frac{q_V}{BH}$，一般 u 应小于1 m/s，实际上为避免已沉下的尘粒重新被扬起，u 往往取更低值 $u = 0.5$ m/s。降尘室一般用于分离 $d_P > 50$ μm 的粗颗粒。

若沉降处于Stokes定律区（层流区），则有：

$$u_t = \frac{d_{P,min}^2(\rho_P - \rho)g}{18\mu} \tag{6-4}$$

式中　ρ_P——颗粒密度，kg/m^3；

ρ——流体密度，kg/m^3。

对一定物系，u_t 一定，沉降室的处理能力只取决于沉降室的底面积 A，而与高度 H 无关，故沉降室应设计成扁平形状或在室内设置多层水平隔板。

1）设计型计算。设计型计算通常是已知 q_V、μ、ρ、ρ_P、$d_{P,min}$，计算 A。

2）操作型计算。操作型计算通常是已知 A、μ、ρ、ρ_P、$d_{P,min}$，核算 q_V；或已知 A、q_V、μ、ρ、ρ_P，求 $d_{P,min}$。

（4）增稠器。使用增稠器分离悬浮液时，在中心距液面下 0.3～1 m 处连续加料，清液往上走，稠液往下走，锥形底部有一缓慢旋转的齿耙把沉渣慢慢移至下部中心，稠浆从底部出口出去。大的增稠器直径可达 10～100 m，深 2.5～4 m，它一般用于大流量、低浓度悬浮液的处理，常见的污水处理就是一例。

（5）分级器。利用不同粒径或不同密度的颗粒在流体中的沉降速度不同来实现分离的设备，称为分级器。将沉降速度不同的两种颗粒加入向上流动的水流中，若水的速度调整在两者的沉降速度之间，则沉降速度较小的那部分颗粒便被漂走分出。若有密度不同的 a、b 两种颗粒要分离且两种颗粒的直径范围都很大，则由于密度大而直径小的颗粒与密度小而直径大的颗粒可能具有相同的沉降速度，使两者不能完全分离。

6.3 沉降槽设计计算

设计要求：车间年产量为 36 万吨氧化铝。反向洗涤，即往最后一个洗涤沉降槽内加热水，而往其他洗涤沉降槽内加下一次洗涤的洗水。每生产 1 t 氧化铝，进入分离沉降槽的稀释后溶出浆液重量是 17518.03 kg，其中，铝酸钠溶液为 16668.92 kg，铝酸钠溶液苛性比 $a_k=1.5$，铝酸钠溶液中含有：Al_2O_3 2305.55 kg，Na_2O_k（苛性碱）2032.30 kg，Na_2O_C（碳酸钠）142.62 kg，$CO_2$124.74 kg，H_2O12063.54 kg。整个分离沉降槽系统的料浆温度均不低于 95℃；分离沉降槽和洗涤沉降槽的溢流（沉降）速度和液固比列于表 6-1。去稀释的一次洗液带有 6208.46 kg H_2O。每生产 1 t 氧化铝，赤泥中未洗净的 Na_2O_T（苛性碱与碳酸碱浓度之和）不应超过 4.5 kg（Al_2O_3 同样不能超过 4.5 kg）。根据以上条件，设计一个拜耳法年产 36 万吨氧化铝的沉降槽。

表 6-1 用于计算沉降槽的数据

沉降槽	分离沉降槽	一级洗涤沉降槽	二级洗涤沉降槽	三级洗涤沉降槽
液固比	3.0	2.85	2.7	2.5
溢流速度/$m \cdot s^{-1}$	0.40	0.38	0.40	0.42

（1）洗涤次数的计算。

赤泥浆液流量：360000 × 17518.03 ÷ 330 ÷ 24 = 796274.08 kg/h

由冶金计算可知，分离沉降槽底流固含流量为 36608 kg/h（考虑返料量）。一级洗涤、二级洗涤和三级洗涤的固含流量与分离沉降槽的一样。

清液流量：360000 × 16668.92 ÷ 330 ÷ 24 = 757678.16 kg/h

1）假设采用 3 次洗涤。

进水量计算：

沉降时水的蒸发量 = 16668.92 × 0.326% = 54.34 kg

16668.92 kg 铝酸钠溶液中的固含 = 16668.92 × 0.199% = 33.34 kg

又损失 0.05 kg，则这三项合计为 87.73 kg（详细数值应进行冶金计算获得）。

每生产 1 t 氧化铝沉降槽产出干赤泥量 = 17518.03 − 16668.92 − 87.73 = 761.38 kg

来自分离沉降槽的液固比为3.0的底流带入水量 = 3.0 × 761.38 = 2284.14 kg

加入到最后一台洗涤沉降槽的水量设为 x kg，总计为(2284.14 + x)kg。

耗水量计算：

液固比为2.5的弃赤泥带走的液量 = 761.38 × 2.5 = 1903.45 kg

送稀释的一次洗液带走的液量 = 6639.55 kg

总计：6639.55 + 1903.45 = 8543 kg

由进水量与耗水量相等可得：

$$2284.14 + x = 8543$$

$$x = 6258.86\ \text{kg} \approx 6.259\ \text{t}$$

可见，生产1 t氧化铝需要在第3台洗涤沉浆槽内加入6.259 t水。

2）验算洗涤次数。浓缩赤泥带入的溶液量计算如下：

从分离沉降槽排入第1台洗涤沉降槽的底流量 $G_{沉} = 749.05 \times 3.0 = 2247.15\ \text{kg} = 2.247\ \text{t}$

从第1台洗涤沉浆槽排入第2台洗涤沉降槽的底流量 $G_1 = 761.38 \times 2.85 = 2169.93\ \text{kg} \approx 2.170\ \text{t}$

从第2台洗涤沉降槽排入第3台洗涤沉降槽的底流量 $G_2 = 761.38 \times 2.7 = 2.056\ \text{t}$

从第3台洗涤沉降槽（即随赤泥）排出的溶液量 $G_3 = 761.38 \times 2.5 = 1.903\ \text{t}$

根据每台洗涤沉降槽的液相平衡方程计算溢流量，其液相平衡方程为：

用于第3台洗涤沉降槽的溢流量 $S_3 = x + G_2 - G_3 = 6.259 + 2.056 - 1.903 = 6.412\ \text{t}$

用于第2台洗涤沉降槽的溢流量 $S_2 = S_3 + G_1 - G_2 = 6.412 + 2.170 - 2.056 = 6.526\ \text{t}$

用于第1台洗涤沉降槽的溢流量 $S_1 = S_2 + G_{沉} - G_1 = 6.526 + 2.247 - 2.170 = 6.603\ \text{t}$

进入第2台洗涤沉降槽的泥浆和溢流合量 $G_3 + S_1 = 1.903 + 6.603 = 8.506\ \text{t}$

由冶金计算得出，第3台洗涤沉降槽加入5.813 t新水，而第1台洗涤沉降槽加入6.603 t洗液，即假设3次洗涤是正确的。

（2）溶液浓度的计算。Na_2O_C 和 Na_2O_k 占 Na_2O_T 的比例分别为：

Na_2O_C 所占比例 = 142.62/(142.62 + 2032.3) × 100% = 6.56%

Na_2O_k 所占比例 = 1 − 6.56% = 93.44%

由此得出溶液各组分的浓度（%）是：

洗涤沉降槽	第1台	第2台	第3台
Na_2O_T	4.46	1.423	0.357
Na_2O_C	0.293	0.094	0.023
Na_2O_k	4.167	1.330	0.334
Al_2O_3	4.83	1.932	0.578

第1台洗涤沉降槽：

$$\rho_{1液} = \rho_n 0.009 a_k + 0.00425 N_c \qquad (6\text{-}5)$$

式中　$\rho_{1液}$——第1台洗涤沉降槽中溶液的密度，g/cm^3；

ρ_n——沉降槽排除底流的密度，g/cm^3；

a_k——铝酸钠溶液的苛性比；

N_c——铝酸钠溶液中碳酸碱的浓度。

其中，$\rho_n = 1.086 + (1.097 - 1.086) \times (4.46 - 4.325)/(5.10 - 4.325) = 1.088\ g/cm^3$；$a_k =$

4.83%、$N_c=0.293\%$由物料平衡计算得出。

解得：$\rho_{1液}=1.139\ g/cm^3$

第2台洗涤沉降槽：

$$\rho_{2液}=\rho_n 0.009a_k+0.00425N_c$$

其中，$\rho_n=1.027+(1.102-1.091)\times(1.423-0.929)/(1.704-10.929)=1.018\ g/cm^3$；$a_k=1.56$（由于铝酸钠赤泥沉降时水解，苛性比升高）；$N_c=0.293\%$（上述第1台洗涤沉降槽对应的数字）。

解得：$\rho_{2液}=1.052\ g/cm^3$

由$\rho_{2液}$推知，第3台洗涤沉降槽中的溶液密度更接近水的密度，故$\rho_{3液}$近似为$1.000\ g/cm^3$。

（3）沉降面积的计算。分离沉降槽的面积采用下式计算：

$$F_{沉}=0.0417(\phi_{稀}-\phi_{浓})G_{干赤泥}/\omega\rho_{液} \tag{6-6}$$

$$\rho_{液}=\rho_n+0.009a_k+0.00425N_c \tag{6-7}$$

式中 $F_{沉}$——分离沉降槽的面积，m^2；

$\phi_{稀}$，$\phi_{浓}$——分别为沉降槽进、出浆液固液比；

ω——分离沉降槽流出液占流入液的比例，根据浆液的可沉降性在0.2~0.5之间取值，在此取0.4；

$\rho_{液}$——分离沉降槽流出液的密度，g/cm^3；

ρ_n——苛性钠溶液的密度，g/cm^3；

a_k，N_c——分别为进入沉降槽的铝酸钠浆液苛性比和Na_2O_C的浓度，%。

式(6-6)和式(6-7)中，各物理量的计算过程如下：

$$a_k=2305.55/16668.92\times100\%=14.60\%$$

$$N_c=142.62/16668.92\times100\%=0.86\%$$

$$\rho_{液}=1.187+0.009\times14.60+0.00425\times0.86=1.322\ g/cm^3$$

生产1 t氧化铝产出761.38 kg赤泥，则每天的赤泥产出量是：

$$G_{干赤泥}=0.76138\times360000\div330=830.60\ t/d$$

每小时产出量$=830.60\div24=34.61\ t/h$

$$\phi_{稀}=16651.86\div869.79=19.14$$

$$\phi_{浓}=3.0$$

$$F_{沉}=0.0417\times(21.89-3.0)\times761.38/(0.40\times1.322)=1134.17\ m^2$$

当沉降槽的利用系数$\eta=0.95$时，必需的沉降面积为：

$$F_{沉}=1134.17\div0.95=1193.86\ m^2$$

分离沉降采用1台单层沉降槽时：

$$F_{沉}=\pi D_{沉}^2 n/4 \tag{6-8}$$

则每台单层沉降槽的直径为：

$$D_{沉}=\sqrt{4F_{沉}/(n\pi)}=\sqrt{4\times1193.86/(1\times3.14)}=38.99\ m$$

取直径$D_{沉}$为40 m，即选用1台直径为40 m的单层沉降槽。

此时，按下式计算每次洗涤的沉降面积：

$$F_{沉}=0.0417(\phi_{稀}-\phi_{浓})G_{干赤泥}/(\omega\rho\eta)$$

式中 η——沉降槽的使用效率，%。

$$F_{1沉}=0.0417\times(16-2.85)\times750.95/(0.38\times1.132\times0.98)=970.82\ m^2$$

$$F_{2沉}=0.0417\times(15.8-2.7)\times750.95/(0.40\times1.139\times0.98)=998.55\ \text{m}^2$$

$$F_{3沉}=0.0417\times(14.6-2.5)\times750.95/(0.42\times1.018\times0.98)=996.65\ \text{m}^2$$

每次洗涤的沉降槽的直径(本设计采用单层洗涤沉降槽)分别为:

$$D_{1洗}=\sqrt{4F_1/(\pi n)}=\sqrt{4\times970.82/(3.14\times1)}=35.17\ \text{m}$$

$$D_{2洗}=\sqrt{4F_2/(\pi n)}=\sqrt{4\times998.55/(3.14\times1)}=35.56\ \text{m}$$

$$D_{3洗}=\sqrt{4F_3/(\pi n)}=\sqrt{4\times996.65/(3.14\times1)}=35.63\ \text{m}$$

根据计算结果,同时考虑到生产组织的便利,在投资增加不大的情况下,可采用3台与分离沉降槽一样的直径为40 m的洗涤沉降槽;另外,生产中设1台公共备用槽,共计4台。

(4) 沉浆槽结构设计。氧化铝行业采用的沉降槽有两大趋势,一是高效深锥沉降槽,二是大型平底沉降槽。云南文山800 kt/a氧化铝工程项目采用前者,即六机、两槽、一管、一板、一炉的拜耳法工艺和设备配置。中国铝业广西分公司则采用后者,其特点为平底、中心进料、周边出料;料浆由中心进料管进入沉降槽,赤泥在随液体向四周流动的过程中边沉降边扩散。

每台大型平底沉降槽都分别由槽体、中心柱、中心框架、耙机、溢流堰、进料箱和出料箱组成。其设计计算如下:

1) 大型平底沉降槽的高度。经过间歇沉降试验测定的颗粒表观沉降速度 u_0 与悬浮液固含浓度 m 的关系,见表6-2;进入分离沉降槽的稀释后赤泥浆液的固含浓度为3.88 kg/m³,沉降的表观沉降速度 u_0 为0.16 m/s,沉降压紧时间为2 h,底流密度为2100 kg/m³。

表6-2　赤泥颗粒的表观沉降速度 u_0 与悬浮液固含浓度 m 的关系

固含浓度 m/kg·m⁻³	1.66	1.96	2.28	2.62	3.16	3.96	4.92	5.86
表观沉降速度 u_0/m·s⁻¹	0.86	0.56	0.37	0.29	0.215	0.155	0.116	0.102

槽的压紧区高度为:

$$h_1=\frac{Q\cdot\tau}{F\cdot\rho_S}\left(1+\frac{\rho_S\cdot L/S}{\rho_L}\right)=\frac{757678\times2}{1194\times2100}\times\left(1+\frac{2100\times3}{1200}\right)=3.78\ \text{m}\tag{6-9}$$

式中　h_1——槽的压紧区高度,m;

Q——沉降槽的处理量,m³/h;

τ——矿浆在槽内的停留时间,h;

F——沉降槽的面积,m²;

ρ_S——底流密度,kg/m³;

ρ_L——清液密度,kg/m³;

L/S——清液与底流的流比。

大型平底沉降槽的清液区高度 h_2、加料区高度 h_3 和过渡区高度 h_4 按经验取值,通常为0.5~1 m。

则槽的总高度(分离沉降槽与洗涤沉降槽都取相同高度)为:

$$h=h_1+h_2+h_3+h_4=3.78+0.5+0.5+0.5=5.28\ \text{m}$$

2) 导流筒。导流筒内给料的出口流速通常应低于颗粒沉降终速,故导流筒直径为:

$$D=\sqrt{\frac{4}{\pi}\cdot\frac{796274\div1200}{0.56\times3600}}=0.647\ \text{m}$$

3) 溢流堰。其尺寸通常按经验取值,溢流堰截面尺寸为300 mm×300 mm。

4) 排泥口。通常按经验取值,排泥口截面尺寸为 ϕ400 mm,设二用一。

5）耙机。可参照美卓公司沉降槽取值，沉降槽耙机有 CL 和 CN 两种，大型沉降槽采用井字结构。

6）沉降槽顶部结构。大型平底沉降槽内的铝酸钠溶液需要保温，故顶部采用密封结构，留有 800 mm × 800 mm 人孔。

7）搅拌装置。可参照美卓公司沉降槽取值，沉降槽耙机有 BL 和 BN 两种搅拌装置，见相关手册。

8）洗涤沉降槽混合室。按经验取值，洗涤沉降槽混合室尺寸为 ϕ900 mm × 1300 mm。

9）检修门。通常按经验取值，检修门尺寸为 3000 mm × 2000 mm。

7 萃取设备设计

萃取是冶金工业生产中的一个重要单元操作过程,用于很多溶液的净化、增浓和金属相互分离。萃取设备的设计涉及多级萃取流程的选择、萃取工艺条件的确定、萃取设备的选择与计算等。本章以逐级接触混合澄清萃取槽设计为例,说明萃取设备的设计过程。

7.1 冶金萃取器的选择

混合澄清萃取槽是把水相与有机相混合进行萃取,之后在澄清室进行分离,如图 7-1 所示。提高传质系数、传质界面面积或浓度差三项中的任一项,都能提高萃取速率,但三者之间任一参数的变化都会对其他参数产生影响。一般来说,增加搅拌强度可以增加传质界面面积、提高传质系数,有利于促进传质;但是超过一定限度,液滴分散过细,分散相传质系数就会下降,倘若传质阻力主要分散在分散相,萃取速率就会受到影响。因此设备在设计时,不能只考虑某一参数的单相最大值,而要使三者的乘积最大,使搅拌强度有利于萃取速率达到最佳值。

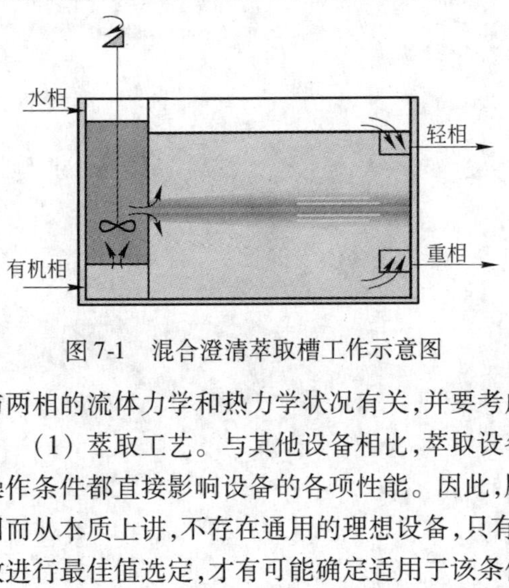

图 7-1　混合澄清萃取槽工作示意图

在萃取过程中,液滴的分散和聚合是一个比较突出的矛盾。由于两液相浓度差小、黏度和界面张力比较大,其混合和分离要比气液传质过程困难得多。萃取设备必须综合考虑混合和澄清两个方面,倘若不适当地增加搅拌强度,不仅无助于改善设备的性能,相反还会产生弊大于利的后果。分离的关键是液滴聚合,而液滴聚合是一种十分复杂的界面现象。影响液滴聚合速率的主要因素是体系的物性;但在实际操作中,其还与两相的流体力学和热力学状况有关,并要考虑分散相选择和设备结构等因素的影响。

(1) 萃取工艺。与其他设备相比,萃取设备是工艺性极强的设备,不同体系的物性和不同的操作条件都直接影响设备的各项性能。因此,脱离工艺和操作条件就无法评价设备性能的优差。因而从本质上讲,不存在通用的理想设备,只有在特定的工艺下对设备的结构参数和有关操作参数进行最佳值选定,才有可能确定适用于该条件的最合理的萃取设备。

(2) 萃取设备简图。混合澄清萃取槽设备由多个隔板和相口组成。相口包括混合相口、重相及轻相出入口。各相口应有足够的截面积,保证液流畅通,以减少阻力。为适应生产变化需要,也可在相出口或级间管路上设置阀门。各相口位置和结构要合理,防止液流短路和返混。

混合澄清萃取槽的结构如图 7-2 所示。其中,垂直隔板 5 将萃取槽分为混合室和澄清室。混合室壁开有轻相入口 1 和重相入口 2。室内装有搅拌器 6,它在搅拌液体的同时将重相不断吸入,并有调节液面高度的作用。在混合室内,还安装了中间开有圆口的水平隔板 7,水平隔板不但可以控制混合室的尺寸、提高搅拌效率,同时还大大减少了搅拌液体对重相入口处的干扰。由轻相和重相入口进入的液体在混合室混合后,经垂直隔板 5 上的混合相口 8 进入澄清室。为防止和减少混合室的搅拌对澄清室分层的影响,在孔道处装置了挡板,为调节混合相口 8 的位置,有时将其制成可以上下移动的结构。在澄清室分层后，轻相和重相分别由轻相出口 3、重相出口 4 排出。

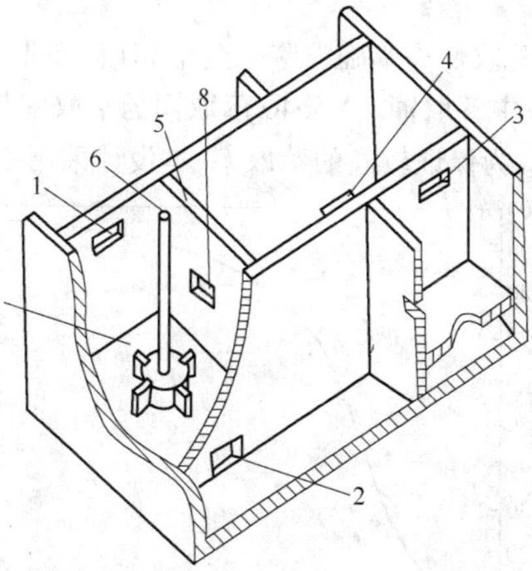

图 7-2　混合澄清萃取槽结构示意图

1—轻相入口；2—重相入口；3—轻相出口；4—重相出口；
5—垂直隔板；6—搅拌器；7—水平隔板；8—混合相口

混合澄清萃取槽特点有：两相接触好，级效率高；处理能力大，操作弹性好；在很宽的流比范围内均可稳定操作；扩大设计方法比较可靠，不需要高厂房。但是该设备滞留量大，需要的厂房面积大，投资较大，密封保护较复杂。

混合澄清萃取槽的适用范围有核化工、湿法冶金、化肥工业、石油工业等。

7.2　箱式萃取器的设计计算

设计要求：设备年工作日取 300 d；矿石浸出液中 Cu 含量为 $\rho_{Cu}=4.5$ g/L，全年 pH 值在 1.8～2.0 之间；两相流量比（进入萃取系统的有机相体积流量与水相体积流量之比）为 1/5；两相接触比（混合室中有机相与水相接触体积之比）$R=2/1$；两相接触时间为 $t_m=1.5$ min；水相物性为 $\rho_w=1.03$ g/m^3，$\mu_w=1.05\times10^{-3}$ Pa · s（25℃）；有机相物性为 $\rho_o=0.8$ g/m^3，$\mu_o=3\times10^{-3}$ Pa · s。根据以上条件，设计一个年产 2500 t 电铜的萃取设备（硫酸介质）。

澄清室中单位水平截面积的最大澄清能力，称为比澄清速度。澄清室中未分层混合液带厚度与比澄清速度的关系曲线，如图 7-3 所示。

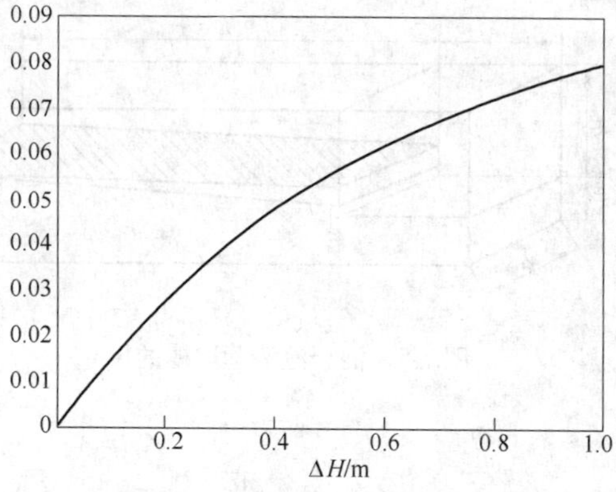

图 7-3　澄清室中未分层混合液带厚度 ΔH 与比澄清速度 Q_w/A 的关系曲线

7.2.1　混合室工艺尺寸

萃取设备以萃取工艺和萃取剂为基础。鉴于全年 pH 值在 1.8 ~ 2.0 之间，本设计选择 15% M5640 作萃取剂，从硫酸溶液中萃取铜。M5640 萃取铜的萃取率与 pH 值的关系，如图 7-4 所示。一级萃取的萃取率约为 80%，为保证较高的萃取率，本设计采用三级逆流混合澄清槽萃取。

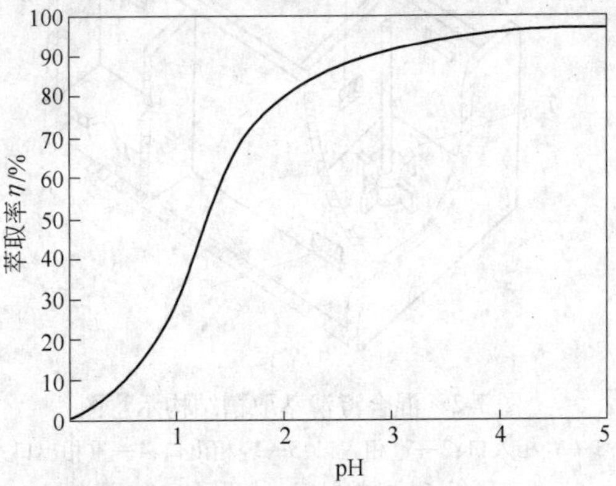

图 7-4　M5640 萃取铜的萃取率与 pH 值的关系

三级逆流混合澄清萃取的萃取率为 94%，每天产量 = 2500 ÷ 300 = 8.333 t/d，即 7353 kg/d。

则每一级的水相流量 = 8333 ÷ 4.5 ÷ 0.94 = 1970 m^3/d，即 $Q_w = 2000\ m^3/d$。

综上，选一级箱式混合澄清槽，水相流量为 $Q_w = 2000\ m^3/d$。

(1) 混合室容积。计算如下：

$$V_m = f_{m1}(1+R)Q_w t_m \tag{7-1}$$

式中　V_m——混合室的总体积（容积），m^3；

f_{m1}——安全系数，取 $f_{m1} = 1.1$；

R——相比，$R = 2/1$；

Q_w——水相流量，m^3/d；

t_m——两相接触时间，min。

解得：$V_m = 6.88\ m^3$

(2) 混合室的尺寸。混合澄清萃取槽的尺寸如图 7-5、图 7-6 所示，取长: 宽: 有效高度（$l:b:h_{m1} = 1:1:1.1$。

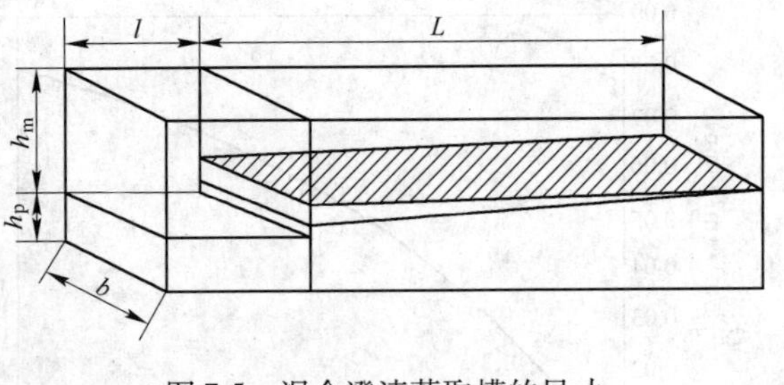

图 7-5　混合澄清萃取槽的尺寸

则混合室的宽度为：

$$b = \sqrt[3]{\frac{V_m}{1.1}} \tag{7-2}$$

解得：$b=1.84\ \mathrm{m}$

混合室的有效高度为：

$$h_{m1}=1.1b \tag{7-3}$$

解得：$h_{m1}=2.03\ \mathrm{m}$

混合室的结构高度为：

$$h_m=f_{m1}h_{m1} \tag{7-4}$$

解得：$h_m=2.533\ \mathrm{m}$，取 $h_m=2.54\ \mathrm{m}$。

(3) 前室高度。当混合室容积不变时，若加大前室高度 h_p，在开车时容易实现以有机相为连续相的操作。因此，取前室高度 $h_p=0.6\ \mathrm{m}$。

(4) 混合室侧总高(含前室)。

$$H=h_m+h_p \tag{7-5}$$

解得：$H=3.14\ \mathrm{m}$

7.2.2 澄清室工艺尺寸

(1) 澄清室的有效高度。根据澄清室的容积利用系数进行计算，即：

$$H_s=f_{s1}H \tag{7-6}$$

式中 H_s——澄清室的有效高度，m；

f_{s1}——安全系数，取 0.85。

解得：$H_s=2.67\ \mathrm{m}$

核算其静态落差 Δh 可采用式(7-7)：

$$\Delta h=H_s-(h_{m1}+h_p) \tag{7-7}$$

解得：$\Delta h=0.04\ \mathrm{m}$

根据经验可以满足要求，即上述结果介于 0.02 ~ 0.05 m 之间。

当取混合相口高度为 $h_{m1}/2$ 时，最大静态落差为：

$$\Delta h_{max}=\frac{\rho_w/\rho_o}{R+1}\left(h_{m1}-\frac{h_{m1}}{2}\right) \tag{7-8}$$

解得：$\Delta h_{max}=0.097\ \mathrm{m}$

则有：

$$H_s=h_{m1}+h_p+\Delta h \tag{7-9}$$

解得：$H_s=2.727\ \mathrm{m}$

考虑到式(7-6)、式(7-9)的数据误差较小，最后确定 $H_s=2.67\ \mathrm{m}$。取澄清室的结构高度和混合室部分(含前室)高度相同，即 $H=3.14\mathrm{m}$。

(2) 澄清室的边长。对于小型萃取箱，澄清室的宽度和混合室的宽度相等；对于大型萃取箱，澄清室的宽度与混合室的宽度独立设置，其宽度比 $b_{澄}:b$ 不受限制。在此(本例为中型萃取箱)为简化计算，取 $b_{澄}:b=1$，则 $b_{澄}=1.84\ \mathrm{m}$。

澄清室的边长由澄清室面积计算。根据已知的未分层混合液带厚度 ΔH 与比澄清速度 Q_w/A 的关系曲线(见图7-3)，查得 $\Delta H=1.18\ \mathrm{m}$ 所对应的液泛时的比澄清速度为 $0.048\ \mathrm{m^3/(m^2\cdot min)}$，则得澄清室的面积 A 为：

$$A=\frac{f_{m1}Q_w}{Q_w/A} \tag{7-10}$$

解得：$A=31.83\ \mathrm{m^2}$，取 $A=32\ \mathrm{m^2}$。

故澄清室的长度为：

$$L=\frac{A}{b}=\frac{32}{1.84}=3.76\ \mathrm{m} \tag{7-11}$$

7.2.3　各相口和堰板的计算

（1）混合相口的位置。混合相口的位置取在混合室有效高度的中部（见图7-6），即：

$$\frac{h_{ml}}{2}=\frac{2.03}{2}=1.015\ \mathrm{m}\approx1.02\ \mathrm{m} \tag{7-12}$$

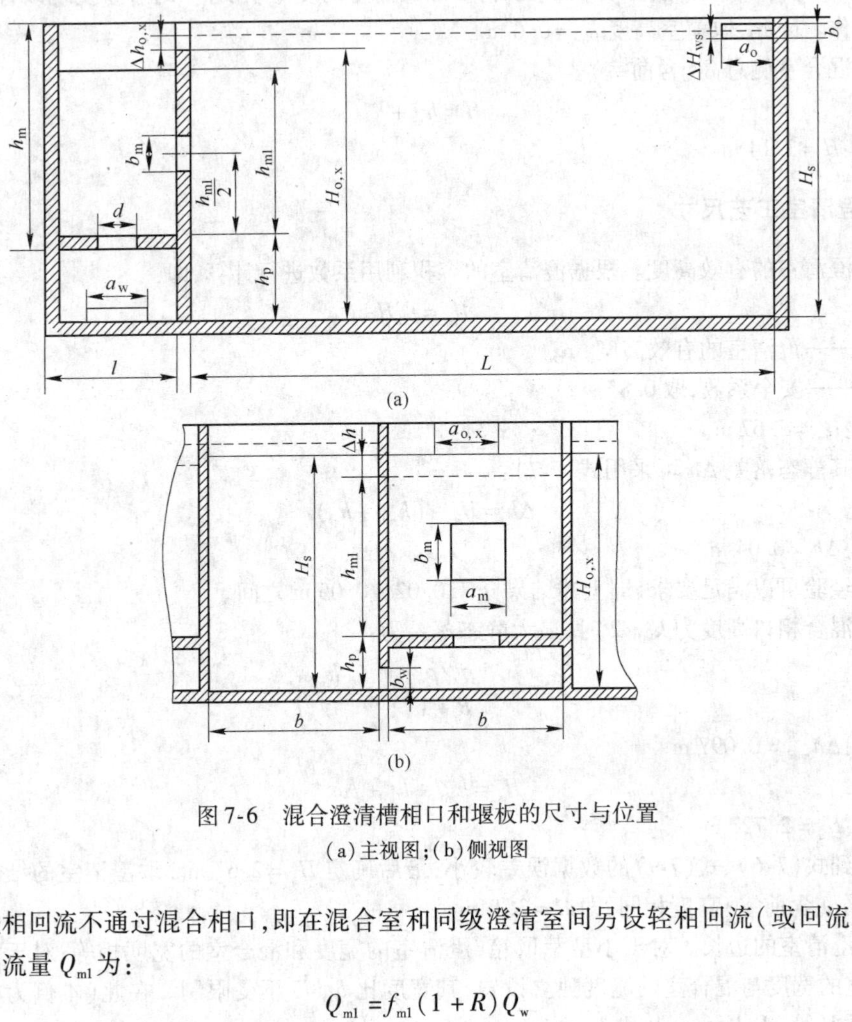

图7-6　混合澄清槽相口和堰板的尺寸与位置

（a）主视图；（b）侧视图

当轻相回流不通过混合相口，即在混合室和同级澄清室间另设轻相回流（或回流堰）时，混合相口的流量 Q_{ml} 为：

$$Q_{ml}=f_{ml}(1+R)Q_w \tag{7-13}$$

解得：$Q_{ml}=0.076\ \mathrm{m^3/s}$

又因为：

$$Q_{ml}=m_mF_m\sqrt{2g\Delta H_m} \tag{7-14}$$

式中　Q_{ml}——混合相口的流量，$\mathrm{m^3/s}$；

m_m——混合相口流量系数，取0.6；

F_m——混合相口的截面积，$\mathrm{m^2}$；

ΔH_m——通过混合相口的压头损失，取0.0097 m。

则混合相口的截面积 F_m 为：

$$F_m = \frac{Q_{m1}}{m_m\sqrt{2g\Delta H_m}} \tag{7-15}$$

解得：$F_m = 0.41\ m^2$

按生产实验数据，混合相口的截面积为：

$$F_m = \frac{Q_{m1}}{v_m} = \frac{0.076}{0.2} = 0.38\ m^2 \tag{7-16}$$

比较式(7-15)和式(7-16)，可知结果是大体符合的，取 $F_m = 0.41\ m^2$。

混合相口的垂直方向宽度 b_m 为：

$$b_m = \frac{2\left(R + \frac{\rho_w}{\rho_o}\right)\Delta H_m}{\frac{\rho_w}{\rho_o} - 1} \tag{7-17}$$

式中，$\Delta H_m = 0.1\Delta h_{max} = 0.0097$。

解得：$b_m = 0.222\ m$

混合相口的水平宽度为：

$$a_m = \frac{F_m}{b_m} \tag{7-18}$$

解得：$a_m = 0.363\ m$

(2) 轻相溢流堰的高度。轻相溢流堰的高度应为澄清室的有效高度，即 $H_s = 1.18\ m$。

通过轻相溢流堰的轻相流量 Q_{o1} 为：

$$Q_{o1} = f_{m1} Q_w Lb \tag{7-19}$$

解得：$Q_{o1} = 5.1 \times 10^{-3}\ m^3/s$

又因为：

$$Q_{o1} = m_o \cdot a_o \cdot \sqrt{2g} \cdot \Delta H_{os}^{1.5} \tag{7-20}$$

式中 Q_{o1}——轻相溢流堰的轻相流量，m^3/s；

m_o——轻相溢流堰的流量系数，在 0.4 ~ 2.0 间取值，这里取为 0.4；

ΔH_{os}——堰顶压头，取 0.01 m；

a_o——堰水平宽度，m。

则有：

$$a_o = \frac{Q_{o1}}{m_o\sqrt{2g}\Delta H_{os}^{1.5}} \tag{7-21}$$

解得：$a_o = 0.576\ m$

堰的垂直宽度 b_o 只要大于 ΔH_{os} 即可，在此取 $b_o = 0.05\ m$。

(3) 混合室水平隔板上的圆孔。隔板圆孔中水相流量 Q_{w1} 为：

$$Q_{w1} = f_{m1} Q_w \tag{7-22}$$

解得：$Q_{w1} = 0.0255\ m^3/s$

$$Q_{w1} = m_w F_w \sqrt{2g\Delta H_{ws}} \tag{7-23}$$

式中 Q_{w1}——隔板圆孔中水相流量，m^3/s；

m_w——隔板圆孔中水的流量系数，取 0.6；

F_w——隔板圆孔的面积，m^2；

ΔH_{ws}——隔板圆孔的水静压降，取 0.05 m。

则有：

$$F_w = \frac{Q_{w1}}{m_w\sqrt{2g\Delta H_w}} \tag{7-24}$$

解得：$F_w = 0.0429\ m^2$

故圆孔的直径 d 为：

$$d = \sqrt{\frac{4F_w}{\pi}} \tag{7-25}$$

解得：$d = 0.234\ m$

（4）重相口。重相口是指相邻级澄清室重相进入前室的流通口，它位于前室侧板底部，其面积可用下面的经验公式求出：

$$F_w = \frac{Q_{w1}}{v_w} \tag{7-26}$$

式中　F_w——重相口的面积，m^2；

v_w——通过重相口的重相流速，一般为 0.036 ~ 0.2 m/s，这里取 $v_w = 0.2\ m/s$。

解得：$F_w = 0.1257\ m^2$

取重相口的垂直宽度 $b_w = 2b_o = 0.10\ m$，则重相口的水平宽度 a_w 为：

$$a_w = \frac{F_w}{b_o} \tag{7-27}$$

解得：$a_w = 1.257\ m$，取 $a_w = 1.4\ m$。

（5）轻相回流堰。选取轻相回流堰的宽度 $a_{o,x}$ 为槽宽的 60%，即：

$$a_{o,x} = 0.6b \tag{7-28}$$

解得：$a_{o,x} = 1.104\ m$

$$\Delta h_{o,x} = \left[\frac{f_{m1}\left(2Q_w - \frac{1}{5}Q_w\right)}{m_{o,x}a_{o,x}\sqrt{2g}}\right]^{2/3} \tag{7-29}$$

式中　$\Delta h_{o,x}$——轻相溢流堰口与轻相回流堰口的高度差，m；

m_o——轻相回流堰的流量系数，取 0.4。

解得：$\Delta h_{o,x} = 0.082\ m$

则轻相回流堰高度 $H_{o,x}$ 为：

$$H_{o,x} = H_s + \Delta H_{ws} - \Delta h_{o,x} \tag{7-30}$$

解得：$H_{o,x} = 2.655\ m$

8 蒸发设备设计

冶金蒸发设备主要用于处理蒸发易结垢、起沫或有结晶析出的溶液。溶液的黏度大，则溶质引起的沸点降低突出，换热面难清理。各换热器形式的选定应视具体换热系统、介质性质以及热负荷大小等而定。冷却器因热负荷较大，常用列管式换热器且是卧式的；冷却器热负荷较小，可选竖列管式或蛇管式换热器。冶金蒸发设备可参考化工蒸发装置，同时要结合冶金工厂生产实际进行设计。换热器的设计应注意保持传热温度差为10～20℃，冷却水出口温度则不应大于50℃。

8.1 冶金蒸发设备的结构

蒸发设备主要包括蒸发器和辅助设备。

8.1.1 蒸发器

蒸发器主要由加热室和分离室组成。加热室有多种形式，以适应各种生产工艺的不同要求。按照溶液在加热室中的运动情况，可将蒸发器分为循环型和单程型（不循环）两类。

（1）循环型蒸发器。循环型蒸发器的特点是溶液在蒸发器中循环流动，因而可以提高传热效果。由于引起循环运动的原因不同。循环型蒸发器可分为自然循环型和强制循环型两类。自然循环是由溶液受热程度不同产生的密度差引起的，强制循环就是用泵迫使溶液沿一定方向流动。

1）垂直短管式蒸发器。其加热室由管径为ϕ25～75 mm、长为1～2 m的垂直列管组成，管外通加热蒸汽，管束中央有一根直径较大的管子，其截面为其余加热管截面的35%～40%。液体在管内受热沸腾，产生气泡。细管内单位体积的溶液受热面较大，汽化后的汽液混合物中含汽率高；中央粗管内单位体积溶液受热面小，含汽率低。于是，细管内汽液两相混合物的平均密度小于中央粗管，从而造成流体在细管内向上、在粗管内向下有组织的循环运动，循环流动的速度可达0.1～0.5 m/s。中央粗管的存在促进了蒸发器内流体的流动，通常称此管为中央循环管，将该蒸发器称为中央循环管式蒸发器。

2）外热式蒸发器。外热式蒸发器就是把加热室与蒸发室分开的蒸发器，其主要特点是采用了长加热管（管长与直径之比L/D=50～100），而且液体下降管（又称循环管）不再受热。这样有利于液体在器内的循环，循环速度可达1.5 m/s。

3）循环蒸发器。自然循环蒸发器的流体循环动力有限，在蒸发黏稠溶液时流动速度慢。为提高循环速度，可采用泵进行强制循环，循环速度可达1.8～3.5 m/s。提高蒸发器内液体循环速度的重要性不仅在于提高沸腾传热系数，主要目的在于降低单程汽化率。在同样蒸发能力下（单位时间内的溶剂汽化量），循环速度越大，单位时间通过加热管的液体量越多，溶液一次通过加热管后汽化的百分数（汽化率）就越低。这样，溶液在加热壁面附近的局部浓度增高现象便可减轻，加热面上的结垢现象也可以延缓。溶液浓度越高，为减少结垢，所需的循环速度就越大。

垂直短管式和外热式蒸发器都属于自然循环蒸发器。

（2）单程型蒸发器。循环型蒸发器的共同特点是蒸发器内料液的滞留量大，物料在高温下停留时间长,对热敏性物料不利。在单程型蒸发器中,物料一次通过加热面即可完成浓缩要求,离开加热管的溶液可及时加以冷却,受热时间大为缩短,因此特别适合处理热敏性的物料。

1）升膜式蒸发器。升膜式蒸发器的加热管束可长达 3 ~ 10 m。溶液由加热管底部进入,经一段距离的加热汽化后,管内气泡逐渐增多,最终液体被上升的蒸汽拉成环状薄膜并沿管壁运动,汽液混合物由管口高速冲出,被浓缩的液体经汽液分离即排出蒸发器。此种蒸发器需要妥善设计和操作,使加热管内上升的二次蒸汽具有较高的速度,从而获得较高的传热系数,使溶液一次通过加热即可达到预定的浓缩要求。在常压下,管上端出口速度以保持 20 ~ 50 m/s 为宜。适用于蒸发量大(较稀的溶液)、热敏性强及易起泡的溶液,不适用于高黏度、易结晶和结垢的溶液。

2）降膜式蒸发器。该蒸发器的料液由加热室顶部加入,经液体分布器分布后呈膜状向下流动。汽液混合物由加热管下端引出,经汽液分离即得完成液。为使溶液在加热管内壁形成均匀液膜,且不使二次蒸汽由管上端窜出,必须良好地设计液体分布器。该蒸发器形成均匀的液膜较难,传热系数不高,主要适用于黏度大的物料,不适用于易结晶的物料。

3）刮片式蒸发器。刮片式蒸发器专为高黏度溶液的蒸发而设计。料液自顶部进入蒸发器后,在刮板的搅动下分布于加热管壁,并呈膜式旋转向下流动。汽化的二次蒸汽在加热管上端无夹套部分被旋刮板分去液沫,然后由上部抽出并加以冷凝,浓缩液由蒸发器底部放出。其特点是借外力强制料液呈膜状流动,适用于高黏度、易结晶和结垢的浓溶液的蒸发。其缺点是结构复杂、制造要求高、加热面不大,而且需要消耗一定的动力。

8.1.2　辅助设备

辅助设备的设计包括:1)利用热量衡算,求取塔顶冷凝器、冷却器的热负荷和所需冷却水的用量,以及再沸器的热负荷和所需加热蒸气的用量;2)选定冷凝器和再沸器的形式,求取所需的换热面积并查阅换热器标准,提出合适的换热器型号;3)确定主要接管尺寸,列出接管表;4)对必须配置的原料泵、回流泵等进行选型计算;5) 也可酌情进行某些换热器的校核计算,进行优化选型设计。

蒸发辅助设备有除沫器、冷凝器、输水器以及真空泵等。

8.2　冶金蒸发器的设计

设计要求:已知原料液流量 $F = 10000$ kg/h,温度 $t_0 = 80$℃;原料液浓度 $x_0 = 20\%$,完成液浓度 $x_1 = 35\%$;蒸发器中溶液的沸点 $t_1 = 102$℃;加热蒸汽压强为 450 kPa,冷凝器的操作压强为 20 kPa;蒸发器的总传热系数 $K = 1200$W/(m^2 · ℃),热损失可以忽略。设计一台氧化铝生产过程中用于蒸发苛性碱溶液的蒸发器,并确定主要设备的尺寸。

(1) 蒸发器的传热系数。

1) 蒸发器的热阻分析。蒸发器的传热热阻可由式(8-1)计算,即:

$$\frac{1}{K} = \frac{1}{\alpha_1} + R_w + R_i + \frac{1}{\alpha_2} \tag{8-1}$$

式中　K——传热系数,W/(m^2 · ℃);

α_1——蒸汽对列管的放热系数,W/(m^2 · ℃);

α_2——列管对冷流体的放热系数,W/(m^2 · ℃);

R_i——管内壁液一侧的垢层热阻,(m^2 · ℃)/W;

R_w——管壁热阻,(m^2 · ℃)/W。

① $\frac{1}{\alpha_1}$为管外蒸汽冷凝热阻，一般很小，但需注意及时排除加热室中不凝性的气体，否则不凝性气体在加热室内不断积累，将使此项热阻明显增加。

② 管壁热阻 R_w 非常小，一般可以忽略不计。

③ 管内壁液一侧的垢层热阻 R_i 取决于溶液的性质及管内液体的运动状况。降低垢层热阻的方法是定期清理加热管、加快流体的循环速度或加入微量阻垢剂以延缓形成垢层；在处理有结晶析出的物料时可加入少量晶种，使结晶尽可能地在溶液的主体中而不是在加热面上析出。

④ $\frac{1}{\alpha_2}$为管内沸腾传热热阻，主要取决于沸腾液体的流动情况。

2）管内汽液两相的流动形式。管内汽液两相的流动是蒸发过程中要考虑的因素。管内汽液相流动有自然对流和强制循环，伴随着管内汽液相流动及液体的汽化。管内汽液两相流动的形式有非膜式、降膜式和升膜式等，其传热能力是不同的。

3）管内相变传热。管内传热方式有传导、对流和相变三种形式。其中，沸腾的吸热量大，新蒸汽在管外冷凝放热的传热系数也最大，蒸发就是充分利用了相变传热。

（2）蒸发器的传热计算。本设计采用单效蒸发流程，因苛性碱（NaOH）水溶液的浓度较大，黏度也较大，故选用外热式自然循环型蒸发器。设计计算过程如下：

1）蒸发量。

$$W = F\left(1 - \frac{x_0}{x_1}\right) = 10000 \times \left(1 - \frac{0.2}{0.35}\right) = 4286 \text{ kg/h} \tag{8-2}$$

式中 W——蒸发量，kg/h；

F——原料液流量，kg/h；

x_0, x_1——分别为原料液浓度和完成液浓度。

2）焓衡算。单效蒸发热量平衡计算示意图如图 8-1 所示，NaOH 水溶液的焓浓图如图 8-2 所示。因 NaOH 水溶液的浓度较大，稀释热不能忽略，故用溶液的焓做衡算。根据热量平衡计算公式，可得：

$$DH + Fh_0 = WH' + (F - W)h_1 + Dh_w \tag{8-3}$$

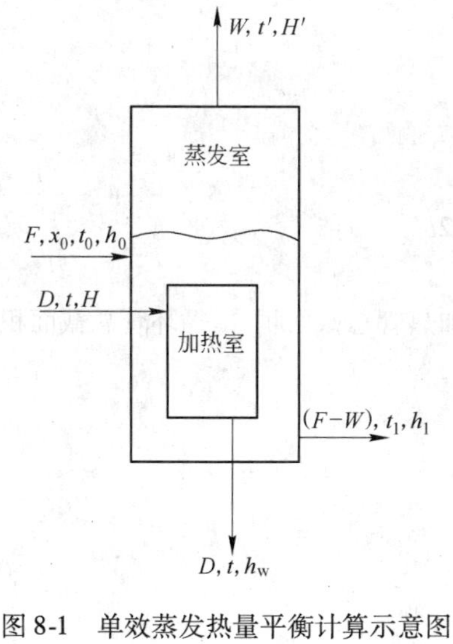

图 8-1 单效蒸发热量平衡计算示意图

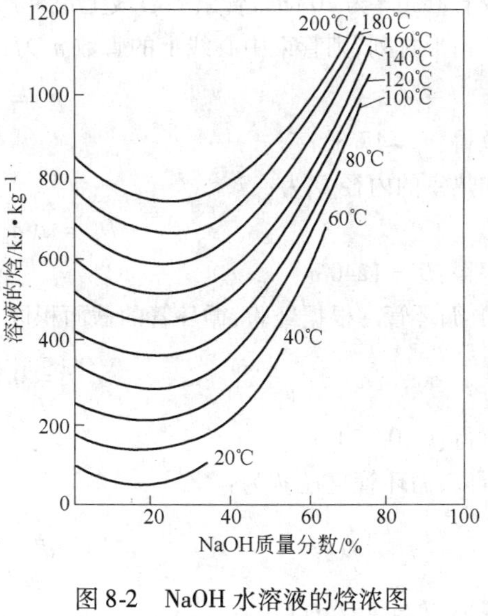

图 8-2 NaOH 水溶液的焓浓图

式中 h_0, h_1, h_w——分别为原料液的焓、完成液的焓和饱和液体的焓，kJ/kg；

H, H'——分别为新蒸汽的焓和二次蒸汽的焓，kJ/kg；

D——新蒸汽的流量，kg/h。

查饱和水蒸气表得，压强为 450 kPa 时饱和蒸汽的温度 $t = 147.7$℃，焓 $H = 2742.5$ kJ/kg；饱和液体的焓 $h_w = 622.4$ kJ/kg；压强为 20 kPa 时蒸汽温度 $t' = 60.1$℃，焓 $H' = 2609.9$ kJ/kg。

查热焓图得，原料液的焓 $h_0 \approx 3.5$ kJ/kg，溶液的焓 $h_1 \approx 415$ kJ/kg。

将上述参数代入焓衡算式(8-3)可得：

$$D = \frac{W(H' - h_1) + F(h_1 - h_0)}{H - h_w} \tag{8-4}$$

解得：$D = 6377$ kg/h

令加热蒸汽在单位时间内提供的热量为 Q，则有：

$$Q = D(H - h_w) \tag{8-5}$$

解得：$Q = 1.35 \times 10^7$ kJ/h，即为 3.75×10^6 W。

3）蒸发器的传热面积。传热温度差为：

$$\Delta t = t - t_1 = 147.7 - 102 = 45.7℃ \tag{8-6}$$

式中 t, t_1——分别为新蒸汽的温度和完成液的温度，℃。

故传热面积为：

$$S = \frac{Q}{K\Delta t} \tag{8-7}$$

解得：$S = 68.4$ m^2

为了保证生产安全，取安全系数为 1.3，故 $S = 88.9$ m^2。

（3）确定蒸发器的主要尺寸

1）加热室。加热室选用 ϕ40 mm × 3 mm（外直径 $d_0 = 40$ mm，壁厚 3 mm）、长（l）为 3 m 的无缝钢管作为加热管，则管数 n 为：

$$n = \frac{S}{\pi d_0 l} \tag{8-8}$$

解得：$n = 236$ 根

取管心距 z 为 70 mm，管束中心线上最外层管的中心至壳体内壁的距离 b' 为 $1.5d_0$，加热管按正三角形排列，则管束中心线上的管数 n_c 为：

$$n_c = 1.1\sqrt{n} \tag{8-9}$$

解得：$n_c = 17$ 根

加热室的内径 D_i 为：

$$D_i = z(n_c - 1) + 2b' \tag{8-10}$$

解得：$D_i = 1240$ m

2）循环管。根据经验，循环管的截面积取 80% 的加热管总截面积，即循环管总截面积 f 为：

$$f = 0.8n\frac{\pi}{4}d^2 \tag{8-11}$$

解得：$f = 0.171$ m^2

所以，循环管直径 d' 为：

$$d' = \sqrt{\frac{4f}{\pi}} \tag{8-12}$$

解得：$d' = 467$ mm

3）分离室。取分离室的高度为 $H=2.5$ m。当压强为 20 kPa 时，二次蒸汽的密度 $\rho=0.131\,g/m^3$，故二次蒸汽的体积流量 V_s 为：

$$V_s=\frac{W}{3600\times\rho} \tag{8-13}$$

解得：$V_s=9.1\ m^3/h$

取允许的蒸发体积强度 $V_{s,y}=1.5\ m^3/(m^3\cdot s)$，则：

$$V_s=\frac{\pi}{4}D_z^2HV_{s,y} \tag{8-14}$$

解得：分离室内径 $D_z=1.8$ m

蒸发辅助设备具体的结构与设计可自己查阅相关资料。所设计的该装置的主要数据列于表 8-1中。

表 8-1　设计的外热自然循环蒸发器的主要数据

加热管			加热室		分离室		循环管
规格/mm × mm	长度/m	根数/根	直径/mm	长度/m	直径/m	高度/m	直径/mm
$\phi40\times3$	3	236	1240	3	1.8	2.5	467

8.3　冶金蒸发器的选用

（1）蒸发效数的确定。采用多效蒸发的目的在于充分利用热能。通过二次蒸汽的再利用，可减少蒸汽的消耗量，提高蒸汽的经济性。但是并不代表效数越多越好，其还受到经济和计算因素的限制，因此在确定效数时，应该综合考虑使设备费用和操作费用的总和最小，以此来确定最合适的效数。表 8-2 所示为不同效数蒸发过程的单位蒸汽消耗量，可以此作为选效参考。

表 8-2　不同效数蒸发过程的单位蒸汽消耗量（$kg_{(蒸汽)}/kg_{(水)}$）

效　数	单效	双效	三效	四效	五效
理论蒸汽消耗量	1.05	0.5	0.33	0.25	0.2
实际消耗量	1.10	0.57	0.40	0.30	0.27

在蒸发操作中为保证传热的正常进行，每一效的温差不能低于 7℃。对于电解质，通常采用 2 ~ 3 效；对于非电解质，则采用 4 ~ 6 效。冶金中的蒸发液浓缩范围大，用 4 ~ 6 效难以达到蒸发的目的，对于氧化铝生产的循环母液的蒸发，应采用 8 ~ 10 效。

（2）蒸发操作流程的确定。多效蒸发器的流程根据加热蒸汽与料液的流向不同，可以分为并流、逆流、平流及混流四种。一般情况下，生产中通常用来并流。并流操作时，料液在效间的传输可以利用各效间的压差进行，而不另外用泵来传输；同时，由于效间沸点依次降低，前一效的料液进入后一效时会因过热而自动发生蒸发。但是并流操作也有缺点，虽然各效的压力差依次减小，温度也依次减小，但料液的浓度依次升高，黏度依次增大，这对料液的传输不利。特别是对于高黏度的料液，不宜采用并流方式进料。

逆流流程中料液由末效加入，依次用泵送入前一效，随着料液浓度的升高，温度也升高，依次各效间黏度相差不是太大，传热系数变化也不是很大。逆流加料适合黏度随浓度变化较大的料液，而不适用于热敏性物料的蒸发。

（3）蒸发器的确定。蒸发器的选型必须根据物料性质、技术要求、现场条件进行综合考虑。选型基本原则为：

1）物料的黏度。料液在蒸发过程中，黏度的增加程度是选型的关键。标准式蒸发器适用范围是小于 0.05 Pa · s，升膜式蒸发器是小于 0.05 Pa · s，降膜式蒸发器为 0.05 ~ 0.10 Pa · s，自然循环蒸发器是小于 0.05 Pa · s，强制循环蒸发器为 0.05 ~ 0.10 Pa · s，刮板式蒸发器是小于 50 Pa · s。

2）蒸发时有无结晶析出。有结晶析出的物料应采用管外沸腾型蒸发器，如强制循环蒸发器、外加热式蒸发器等。

3）料液的热稳定性。对热敏性强的物料，应选用储液量小、停留时间短的液膜式蒸发器。

4）物料的发泡性。有些料液发泡很激烈，二次蒸汽夹带泡沫而造成损失，需加大蒸发室容积。

5）易结垢的物料。传热面上的结垢是由料液浓缩后黏度增加、悬浮微粒沉积、局部过热而焦化等原因造成的。一旦生成结垢，对传热效率影响很大，因此要避免产生结垢。

冶金蒸发操作往往伴随着结垢或不定形结晶发生，蒸发液浓缩范围大。为了减少清理时间，冶金过程通常选用易清理、自动化程度高的蒸发器。氧化铝生产过程中，循环母液的蒸发就选用板式降膜蒸发器、闪速蒸发器等。

9 电解(电积)设备设计

电解是从矿石中提取有色金属的主要方法,是大多数有色金属生产的必要工序。对于铜而言,电解主要有常规电解法、周期反向电流电解法和永久性阴极板电解法。常规电解法包括阳极加工、始极片生产和制作、装槽、灌液、通电电解、出槽等工序,永久性阴极板电解法包括阳极加工、装槽、灌液、通电电解、出槽、清洗阴极并剥下成品电铜等工序。铜电解车间的设计一般包括技术经济指标的选择和论证、冶金计算、电解液净化及硫酸盐生产、主要及附属设备计算、车间配置及管理、投资估算、安全、环保与防腐等内容。完成电解过程使用的主体设备为电解槽,由长方形槽体和附设的供液管、排液斗、出液斗的液面调节堰板等组成。本章以电解槽的设计过程为例进行介绍。

9.1 铜电解精炼的方法

铜的生产方法主要视含铜矿石成分及品位而定。电解分为电解精炼(电解)和电解沉积(电积)。电解精炼采用可溶性阳极,以火法冶金炼制的粗金属作为阳极进行电解,通过选择性的阳极溶解及阴极沉积,达到分离粗金属中杂质和提纯金属的目的;电解沉积采用不溶性阳极,使经过浸出、净化的电解液中待沉积的金属离子在阴极上还原析出,制得纯金属。因此,电解精炼是火法冶金工艺提取高纯有色金属的最后精炼工序,而电解沉积则是湿法冶金的最后精炼工序。目前,在纯铜的生产中,大约有80%的铜采用硫化物矿石通过电解法制取,另有20%的铜采用低品位氧化铜矿通过电积法制取。

(1) 常规电解精炼法。常规电解精炼法自19世纪末用于工业生产以来,已成为目前应用最广的一种方法。在实际生产中,首先是在种板槽中以火法精炼获得的粗铜作为阳极,以钛母板作为阴极,通以一定电流密度的直流电,使阳极铜发生电化学溶解,并在钛母板上析出0.5~1.0 mm厚度的纯铜薄片,称为种板。将其从母板上剥离下来后,经过整平、压纹,再与导电棒、吊耳装配成阴极板(又称始极片),即可作为生产槽所用的阴极,称为阴极板。然后,将粗铜阳极板和纯铜阴极板相间地装入盛有电解液的生产电解槽内,通入直流电进行电解精炼,铜在阳极上溶解并迁移至阴极进行电沉积,待沉积到一定质量时将其取出,作为电解铜成品。之后,再于电解槽空位上重新装入新阴极板,使生产过程连续进行。

当阳极板溶解到一定程度时便成为残阳极,简称残极。将其取出,并在其位置上装入新阳极,使生产继续进行。通常一块阳极板生产2~3块电解铜,即阳极板的使用周期为阴极板的2~3倍。阴极板周期太长,则金属沉积太重,处理短路时劳动强度太大;阴极板周期太短,则阴极板交替次数多,工作繁重。目前,多数工厂的阴极板周期为7~10 d。

常规电解精炼法的主要优点是操作简单、技术成熟、设备简单、投资少及见效快,缺点是生产能力不大、电解槽数量多、制作始极片工作量大及厂房占地面积大。

(2) 周期反向电流电解法。传统的电解法,通常电流密度很少超过250 A/m^2,即使是在最优的技术条件和最有效的添加剂下,也只能将电流密度最高提到300 A/m^2左右。若进一步提高电流密度,会引起阳极钝化,并使阴极质量恶化。采用周期反向电流技术(PRC)使电极周期地改变极性(即在电解过程中使直流电的方向相反变化,而不是只有一个恒定的方向),避免了电极表面与电解液之间的浓度差极化,从而可以使电流密度提高到 400 A/m^{2}以上。根据生产实践,一般认为 350 A/m^{2}的电流密度是周期反向电流电解法的最佳电流密度。高于该值后,电铜的化学组分虽然符合标准,但其表观质量较差。

周期反向电流电解的优点是:因电流密度高,同样生产规模下所需的电解槽数及厂房面积均相应减少,可节省建设投资;处于生产中的铜积压较少,占用流动资金少,投资周转快;特别适用于对常规电解精炼工厂进行挖掘增产,在已有工厂中对电解供电系统做必要改造,即可大幅提高生产能力。缺点是:由于电流密度高,槽电压一般高于常规电解法;此外,电流效率也比常规电解法低,电能消耗要比常规电解法高出 30% 左右。

(3) 永久性阴极电解精炼法。永久性阴极电解精炼法是 20 世纪 70 年代末发展起来的新技术。美国的麦特柯(Metco)工厂率先采用该法,随后澳大利亚 ISA 公司的汤斯威尔铜精炼厂改进并完善了这种方法,故又称 ISA 法。此外,还有加拿大鹰桥公司的永久不锈钢阴极电解 KIDD 法和奥托昆普公司的永久不锈钢阴极电解 OK 法。

永久性阴极电解精炼法的作业过程与常规电解精炼法基本相同,不同的只是免去了始极片的制作,而采用不锈钢作为反复使用的永久性阴极;与之相配套,必然会增加阴极铜的剥离机组。

永久性阴极电解精炼法的优点是:永久性不锈钢阴极可以重复使用,从而节省了生产始极片的种板电解槽系统,同时也可省略由始极片、导电棒、吊攀组装的阴极作业;不锈钢阴极机械强度高,平整光滑,减少了短路现象;提高了自动化程度,采用自动剥离机剥铜,高效、连续、集中,简化了流程,也减少了操作人员的数量;可采用较高电流密度,缩短了阴极周期,金属积压少,流动资金周转加快。缺点是:永久性不锈钢阴极价格昂贵,一次性投资大,总的基建投资略高于常规电解法。

9.2　铜电解设备的选择

(1) 电解槽材质。目前,铜电解槽的材质普遍采用钢筋混凝土槽体。钢筋混凝土电解槽有整列就地捣制、单槽整体预制及预制板拼装等方式。整列就地捣制电解槽施工快、造价低,但检修更换不便、绝缘处理难、易漏电;单槽整体预制电解槽搬运、安装、检修、更换方便,绝缘好,漏电少,被大多数电解厂采用;预制板拼装式电解槽搬运、安装、更换方便,造价低,节省车间面积,被国外一些新建电解厂采用。

我国一些电解厂采用过辉绿岩耐酸混凝土单个捣制槽和花岗岩单个整体槽,这些槽耐酸,绝缘较好。但辉绿岩槽易渗漏;花岗岩槽价格贵,运输不便且宜产生暗缝渗漏,仅适用于小型且就地取材的电解厂。20 世纪 80 年代初,芜湖冶炼厂采用无衬里的呋喃树脂混凝土电解槽,主要材料为 YJ 呋喃树脂液、YJ 呋喃树脂混凝土粉、石英砂、石英石。最初电解槽为整体捣制槽,后因呋喃树脂固化收缩率较大且是低黏度树脂,不利于施工,故改为拼装式。呋喃树脂混凝土电解槽机械强度高,耐腐蚀、耐热性能好,遇机械损伤而开裂时维修方便。

(2) 电解槽构造。通常,电解槽由长方形槽体和附设的供液管、排液斗、出液斗液面调节堰板等组成。槽底部通常做成一端向另一端或由两端向中央倾斜,倾斜角度为 3% 左右,最低处开设放液排泥孔,较高处设有清槽用的放液孔。放液排泥孔配有耐酸陶瓷或嵌有橡胶圈的、由硬铅制作的塞子,防止漏液。此外,在钢筋混凝土槽体底部还开设检修孔,以观察内衬是否破损。钢筋混凝土电解槽的壁厚一般为 80 ~ 120 mm。

(3) 电解槽衬里材质。钢筋混凝土电解槽内衬应是造价低廉、耐温、耐腐蚀及电绝缘性能良好的材料,一般为含铅和含锑 3% ~6% 的铅锑合金板、软聚氯乙烯和玻璃钢。铅衬厚度一般为 3 ~5 mm;聚氯乙烯衬里通常为两层,每层厚度约 4 ~5 mm;内层塑料衬里一般不整槽铺设,仅在极板落下易被砸破处局部铺设；玻璃钢衬里一般为6～10层，厚度约3～5 mm。国内大部分铜电解槽采用铅衬，但在新建电解厂及老厂的改造中已逐渐推广使用聚氯乙烯衬里和玻璃钢衬里。电解槽衬里材质的比较见表9-1。

表9-1 电解槽衬里材质的比较

衬里材质	优 点	缺 点
铅 板	施工简单，耐酸、耐高温性能好	价格昂贵，力学性能和电绝缘性能差，易漏电
软聚氯乙烯板	施工简单，价格低廉，有优良的绝热和电绝缘性能	耐热性能较差，力学性能随温度上升而降低，易老化
玻璃钢板	绝热、绝缘性能好，耐腐蚀，价格比铅衬低廉	树脂材质要求严格，施工技术要求高

（4）电解槽的进出方式。电解槽进出液方式，直接影响槽内铜离子、添加剂及温度在电解槽里的均匀性和金、银的损失。小阳极板电解时，由于电解槽尺寸比较小，一般采用上进液、下出液的循环方式。

随着电解槽的大型化、电极间距的缩小及电流密度的提高，通常的电解槽供、排液方式难以适应生产要求，有的工厂采用槽底中央给液、槽上两端排液的供液方式，即在电解槽槽底中央沿槽长度方向设一个给液管，或在槽底两侧设两个平行的给液管，通过沿管均匀分布的小孔给液；排液漏斗安放在槽两端壁上预留的出液口上，并与槽内衬连成整体，排液漏斗内设有调节电解液液面高度的隔板式三角堰板，三角堰板同时也可观测电解液流量。另一种大型槽供液法为上供液、下排液，即在电解槽一长边的两拐角处各设一供液口，各供一半电解液，在另一长边中央下部设一排液口。供液口来的电解液流呈对角线喷射，由排液口将电解液引向电解槽一端排出，很好地解决了阳极泥上浮的问题。

（5）铜电解槽的安装。铜电解槽安装在钢筋混凝土横梁上。为防止电解液滴在横梁上造成腐蚀漏电，在横梁上首先铺设厚3～4 mm、比横梁每边宽出200～300 mm的软聚氯乙烯保护板，然后在槽底四角垫以瓷砖及橡胶板用以绝缘。通常，由多个电解槽排成一列，两个相邻电解槽要留20～30 mm的空隙。槽侧壁顶面覆以塑料（或硬橡胶板、瓷板和沥青油毛毡等）垫层，装设槽间导电板、绝缘分隔板，以支撑阳极挂耳和阴极导电棒；阴极板、阳极板按规定的极距均匀相间分布，悬垂排列。阴极边缘与槽侧壁应保持50～80 mm的空隙，以便电解液均匀流动和防止极板碰壁；电极下缘至槽底应有200～400 mm的空间，用于阳极泥的沉积。

1）阳极板。阳极尺寸的选择与生产规模、操作机械化程度及其他条件有关。机械化程度较高的大型工厂采用大型阳极板，其重量范围一般是300 kg以上。图9-1所示为大型铜阳极板实例；中、小型电解厂机械化程度较低，常采用小型铜阳极板，其重量约为150～260 kg，参考尺寸见图9-2。

2）阴极板。为避免阴极边缘生成树枝状结晶，阴极板尺寸应比阳极板高35～55 mm、长25～45 mm。

3）种板。种板的材质一般有紫铜板、不锈钢板和钛板三种，以紫铜板为多。各种材质的优缺点为：紫铜板厚3～4 mm，优点是价格便宜，铜挂耳与母板接触良好，绝缘材料黏附强度大；缺点是对隔离剂要求较严，质地较软，易变形引起槽内短路，笨重。不锈钢板厚2～3 mm，优点是重量轻，始极片易剥离；缺点是质地硬，与绝缘材料黏结不如铜材，弹性大，难以平直。钛板厚2.5～3.5 mm，优点是不需隔离剂，剥片容易，重量轻，始极片成品率高达95%以上，寿命长；缺点是铜耳与钛板因膨胀系数不同，铆接处易松动，积留硫酸铜结晶而影响导电，必须定期细砂打毛，变形后不易矫正，包边问题难解决且造价高。

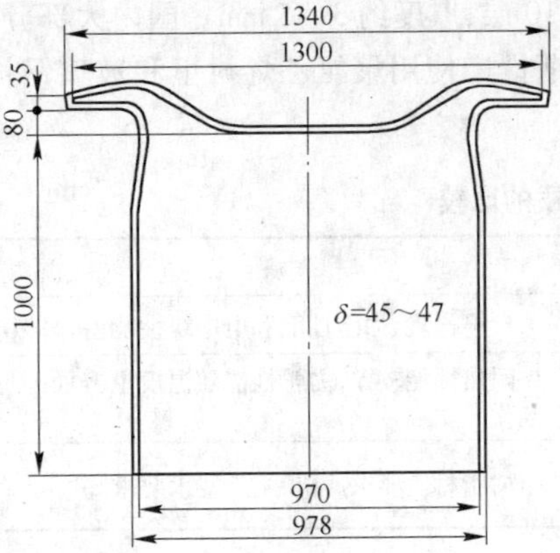

图 9-1　大型铜阳极板示意图(δ 为厚度,mm)

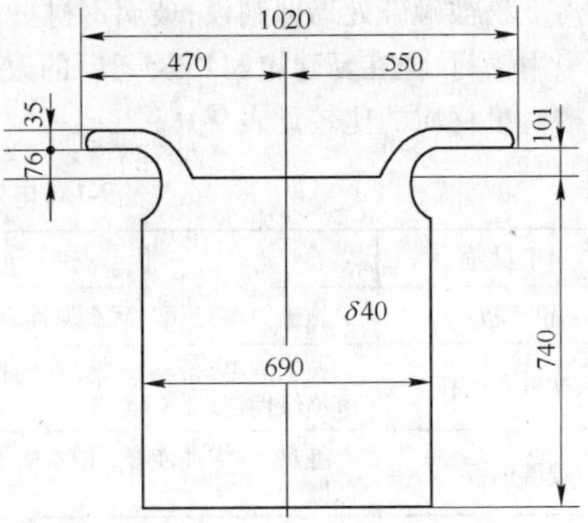

图 9-2　小型铜阳极板参考尺寸(mm)

种板尺寸一般比始极片宽 20～30 mm、长 45～70 mm,若过宽、过长,会造成种板边上的电力线减弱,超出的始极片边就会过薄而酥脆,不便剥离。为便于始极片剥离,种板三边涂有宽 10～20 mm 的绝缘边。国内常用的沾边方法是:① 环氧树脂贴涤纶布法。得到的绝缘边整齐美观,使用寿命可达两个月以上,表 9-2 所示为环氧树脂贴涤纶布的重量配比实例。② 沥青塑料沾边法。使用寿命短,约为 30～35d,但施工方便,沾边后静置干燥后即可使用,沾边的配比为沥青∶熟石膏粉∶滑石粉 = 65∶35∶10。

表 9-2　环氧树脂贴涤纶布的重量配比实例

编　号	环氧树脂	二丁酯	丙酮	石英粉	乙二胺	二甲苯树脂	磷苯二甲酸
配方Ⅰ	100	25		50		100	85
配方Ⅱ	10	15	13～14	120	6～7		
配方Ⅲ	100	15	40		5～6		

注:环氧树脂牌号为 6101;二丁酯、丙酮、乙二胺都为工业用。

我国部分电解厂阳极、始极片、种板规格实例,见表 9-3。

表 9-3　我国部分电解厂阳极、始极片、种板规格实例

名　称		单位	上冶	沈冶	白银一冶	云冶	贵冶	株冶
阳　极	长度	mm	740	720	760	850	1000	750
	宽度	mm	700	620	810	810	960	740
	厚度	mm	35～40	38～42	40～45	33～38	45	30～35
	重量	kg	155～165	145	215～218	210～260	370	130～150
始极片	长度	mm	770	740	840	840	1020	780
	宽度	mm	740	670	870	860	1000	760
	厚度	mm	0.4～0.6	0.45～0.50	0.50	0.40	0.60	0.30～0.50
	重量	kg	2～3	1.9～2.3		2.6	6.01	
种　板	长度	mm	835	790		880	1060	860
	宽度	mm	760	700		930	1040	800
	厚度	mm	3.5～4.0	3.50		2.5～3.0	4.0	3.0
	重量	kg	19.8	17.2		9～11	47.73	18.4
材　质			紫铜	钛		紫铜、钛	紫铜	紫铜

（6）槽边导电排、槽间导电板、阴极导电棒。

1）槽边导电排。槽边导电排与整流机供电导线相连，通过的电流为电解槽的总电流。导电排的允许电流密度可取 1.0 ~ 1.1 A/mm²；对小型电解精炼厂，由于电流强度不大，导电排的允许电流密度还可适当提高到 1.4 ~ 1.6 A/mm²。导电排截面积可用式(9-1)计算，即：

$$F_1 = \frac{A}{D_1} \tag{9-1}$$

式中 F_1——导电截面积，mm²；

A——总电流，A；

D_1——允许电流密度，A/mm²。

导电排的温度不应高于周围空气 40℃，当计算出导体截面面积后，还应用式(9-2)进行温度验算：

$$Q = \frac{KI^2\rho}{Sn} \tag{9-2}$$

式中 Q——导体与周围空气温度差，℃；

K——散热系数，在露天取 25，在室内取 85；

I——电流，A；

ρ——导体比电阻，Ω/(m · mm²)，铜为 0.0175 Ω/(m · mm²)；

S——导体截面面积，mm²；

n——导体截面的周长，mm。

大型电解槽电流强度大，截面积过大的导电排难以在槽边安装，故不宜采用组合式的槽边导电排直接安装于槽边；而是采用单片式导电排，沿槽边长度方向由多个接点自供电母线接入电流。

2）槽间导电板。槽间导电板由紫铜制作，断面一般采用圆形、半圆形、三角形等，使接触点保持清洁；国外有的工厂为防止接触过热氧化而导致槽电压上升，采用了槽形导电板。此外，还有通水冷却的所谓湿式导电系统，也有因对称挂耳阳极而采用带冲压凸台的导电板。槽间导电板允许的电流密度可取 0.3 ~ 0.9 A/mm²，其截面积可按式(9-3)计算：

$$F_2 = \frac{A}{nD_2} \tag{9-3}$$

式中 F_2——槽间导电板的截面积，mm²；

A——总电流，A；

n——每槽阴极数；

D_2——槽间导电体允许电流密度，A/mm²。

槽间导电板截面积的确定还与电解槽的操作方式有关，若出装槽作业采用人工横棒短路断电操作，则槽间导电板截面积还需满足通过短路电流的要求并进行验算。因横棒短路断电的时间不长，允许电流密度以不超过 7.5 A/mm² 为宜。

3）阴极导电棒。阴极导电棒一般以紫铜制作，断面有圆形、方形、中空方形及钢芯铜皮方形等，视阴极的大小和重量决定。考虑到强度及加工的方便，中、小极板一般选用中空方形导电棒，大极板则选用钢芯包铜方形导电棒。阴极导电棒允许的电流密度可取 1.00 ~ 1.25 A/mm²，其截面积也可按式(9-3)进行计算。

导电排、槽间导电板和阴极导电棒实例如表 9-4 所示。

表 9-4 导电排、槽间导电板和阴极导电棒实例

名称		单位	上冶	白银一冶	云冶	贵冶	株冶
电流强度		kA	18	10	12	30	12
每槽阴极数		片	42	40		51	27~31
导电棒	宽×厚	mm×mm	100×10	240×17	100×10	200×10	120×10
	片数	片				10	8
	电流密度	A/mm²				1.224	1.25
槽间导电板	断面形状	mm	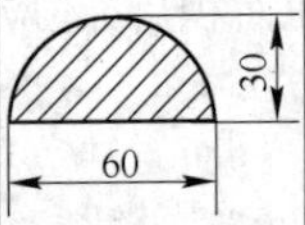	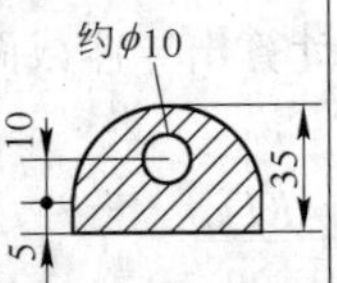		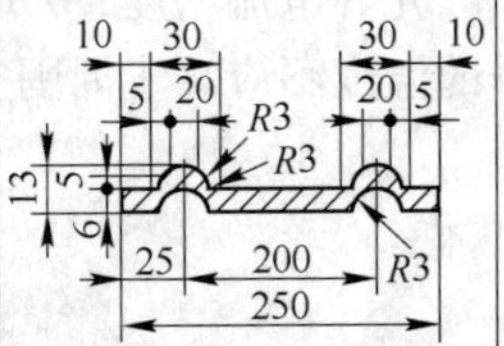	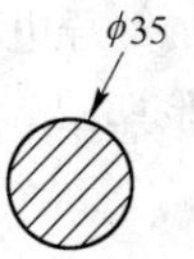
	电流密度	A/mm²	0.3	0.15~0.18			0.46~0.40
阴极导电棒	断面形状	mm	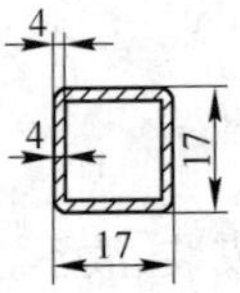	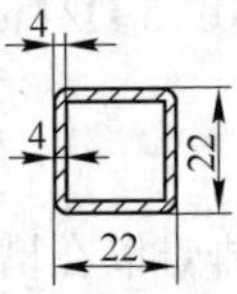	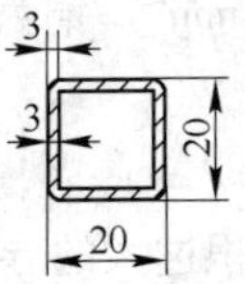	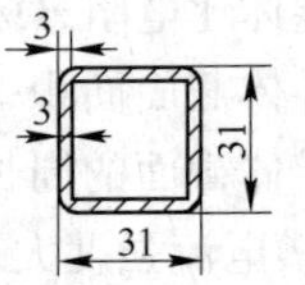	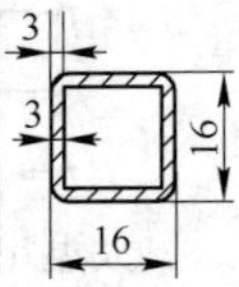
	电流密度	A/mm²	2.06	0.87~1.04		1.43	2.85~2.48

(7) 出装槽短路器。电解槽出装槽时,需要短路断电。断电方式目前有两种,一是横铜棒断电,人工操作;二是采用遥控短路开闭器,既可在仪表室操作,也可在现场手动操作。国内一般小型工厂操作电流密度小,可用单槽人工横棒短路断电;而大、中型工厂采用大极板、大电解槽,操作电流强度大,应采用遥控短路开闭器断电,以减轻劳动强度和保护槽面绝缘垫板。

(8) 保温节能。电解过程中,由于槽面、槽壁等处散热,电解液发生温降。为了维持电解液温度条件,需要用蒸汽加热来补充热量。采取保温措施可以显著降低蒸汽消耗,据测定,实行槽面覆盖可减少50%的蒸汽消耗,槽壁保温可节约蒸汽消耗17%。贵冶槽面覆盖涤纶布、槽壁涂厚为20~25 mm的发泡聚胺酯、循环液管采用硬塑料-环氧树脂复合管后,蒸汽消耗仅为国内其他厂的40%~50%。表9-5所示为我国铜电解厂蒸汽单耗实例。

表 9-5 我国铜电解厂蒸汽单耗实例

厂别	保温措施	吨铁蒸汽耗量/t
上冶	电解槽面覆盖聚乙烯塑料球,槽壁未保温	1.0
沈冶	电解槽槽底用10 mm厚的石棉泡沫板保温	0.8~1.0
白银一冶	无	1.48
云冶	无	0.89
株冶	无	1.22

续表 9-5

厂 别	保 温 措 施	吨铁蒸汽耗量/t
贵 冶	电解槽面覆盖涤纶布,槽壁喷涂发泡聚胺酯,各贮液槽均带盖	0.5~0.6
东予厂	电解槽面覆盖涤纶布,槽壁喷涂发泡聚胺酯保温	0.2~0.3
日光厂	电解槽面覆盖泡沫聚乙烯板	0.319

9.3 铜电解槽的设计计算

设计要求:已知年产铜 2 万吨,电流效率为 96%,年工作日为 360d,电流密度为 230 A/m^2,电解槽作业率为 95%,同极中心距为 80 mm,始极片尺寸为 770 mm × 740 mm,电流为 12 kA。根据已知条件,设计一个商品铜电解槽,确定商品铜电解槽总数、电解槽的阴极板和阳极板数、电解槽的尺寸以及种板电解槽数。

(1) 商品铜电解槽总数的确定。商品铜电解槽总数按式(9-4)计算,即:

$$N = \frac{M \times 10^6}{360 \times 24 \times \eta \times I \times \mu_i \times 1.186} \tag{9-4}$$

式中 N——电解槽总数,个;

M——年产电解铜量,t;

360——年工作日,d;

24——日通电时数,h;

η——电解槽作业率,%;

I——电流,A;

μ_i——电流效率,%;

1.186——铜的电化当量,g/(A·h)。

根据以上计算公式,得出电解槽的总数 $N = 178.5$ 个。考虑具体工艺配置和生产管理方便,取电解槽数 $N = 180$ 个,分 6 组,为一跨,各组配置一短路开关。

(2) 电解槽阴极板数的确定。电解槽内的阴极板数按式(9-5)计算,即:

$$n_c = \frac{I}{D_k f_c} + 1 \tag{9-5}$$

式中 n_c——每槽阴极片数,片;

I——电流,A;

D_k——商品槽的电流密度,A/m^2;

f_c——每片阴极的面积,m^2。

根据以上计算公式,得出电解槽的阴极板数 $n_c = 47$ 片。

(3) 电解槽阳极板数的确定。本设计的电解槽两端为阴极,因此,电解槽阳极板数 = 47 − 1 = 46 片。

(4) 电解槽尺寸的确定。

1) 电解槽长度。一般铜电解槽两端各留 180~200 mm,本例取 190 mm,则电解槽长度 = (47 − 1) × 80 + 190 × 2 = 4060 mm。

2) 电解宽度。一般阴极两侧距槽边各留 50~80 mm,本例取 70 mm,则电解槽宽度 = 740 + 70 × 2 = 880 mm。

3) 电解槽深度。一般阴极下部距槽底留 270~320 mm,本例取 300 mm;阴极上边距槽上沿

50 mm,则电解槽深度 = 770 + 300 + 50 = 1120 mm。

根据上述计算,得出电解槽的尺寸(长×宽×深)为 4060 mm×880 mm×1120 mm

(5) 种板电解槽数的确定。为了有利于配置及生产调度,取种板槽尺寸与商品槽的尺寸相同。种板电解槽数按式(9-6)计算,即:

$$X = \frac{Nn_c Pa}{2AB(1-\rho) + n_c \rho a} \tag{9-6}$$

式中　X——种板电解槽数,个;

N——车间电解槽总数,取 200 个;

n_c——车间电解槽的阴极数,由上文计算可知为 47 片;

P——一个阴极所需的始极片量,取 1.06 片;

a——种板周期,1d;

A——阴极周期,取 6d;

B——一个种板电解槽的种板数,40 片;

ρ——始极片废品率,通常为 0.05 ~ 0.2,本设计取 0.05。

根据以上计算公式,得出种板电解槽数 X = 19.69 个,取 20 个,即可满足要求。

(6) 直流电源。通过硅整流器或可控硅整流器,可获得直流电源。目前,一般中、小型铜电解厂采用硅整流器。但可控硅整流器的电压可以级调也可连续调,以达到稳压操作;直流输出电流波动范围小,可达到稳流操作;通过两套极性相反的并联,可控硅整流装置可以达到快速切换电流方向、满足周期反向电流电解的要求,其性能明显优于硅整流器。虽然其设备价格较高,在老厂技术改造及新建大型工厂时,考虑企业提高电流密度、增产及分系列投产的需要,仍多采用可控硅整流器。

硅整流器和可控硅整流器的规格与台数根据电流、电压等条件进行选择。依据本例计算结果,电流为 12 kA,商品电解槽为 200 个,每个槽电压为 0.3V,种板槽为 20 个,每个槽电压为 0.35 V;另设脱铜电解槽 1 个,每个槽电压为 2 V;导线、母线、配电盘等的电压损失系数为 1.15,则总电压 E = (200×0.3 + 20×0.35 + 1×2)×1.15 = 79.35 V。

根据选定的理论电流和计算的槽电压,在适当考虑富余系数后选择整流设备的规格即可。对于大、中型铜电解厂,商品槽和种板槽的直流供电系统应分开;小型工厂可共用直流供电装置。

根据以上计算,铜电解槽安装实例如图 9-3 所示。

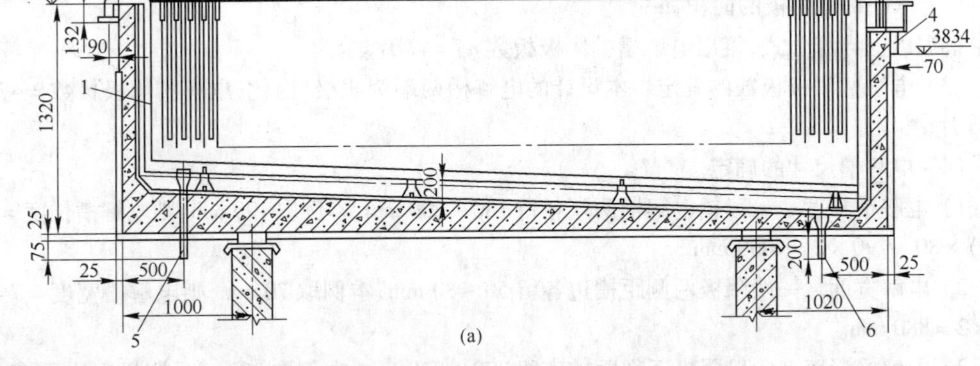

(a)

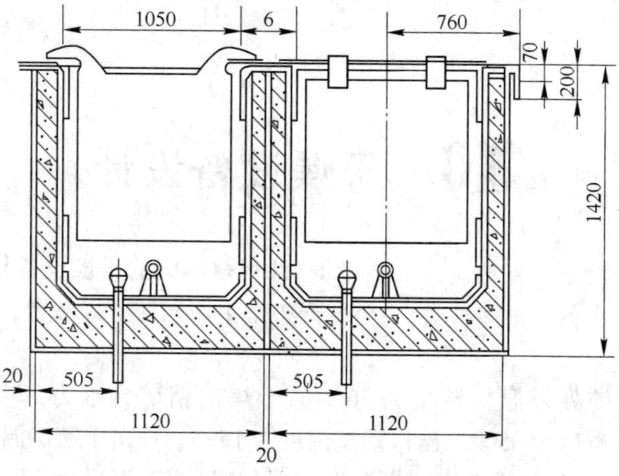

图 9-3 铜电解槽安装实例(单位:mm)

(a) 主视图;(b) 侧视图

1—进液管;2—阳极;3—阴极;4—出液管;5—放液管;6—放阳极泥管

10 干燥设备设计

干燥过程与燃烧设备紧密相连,“冶金设备”课程教学中的干燥设备与燃烧设备的设计在这一章进行介绍。干燥设备有很多种类,冶金生产中常采用回转干燥装置,在此以顺流干燥圆筒的设计为例进行说明。

设计要求:干燥筒处理湿精矿量为 36 t/h;干燥前精矿含水为 12%,干燥后精矿含水为 6.4%;控制入口烟气温度为850℃,出口烟气温度为150℃,排出干精矿温度为80℃;干精矿比热容为0.83 kJ/(kg·℃);精矿平均密度为1.86 t/m³;地区相对湿度为77%;年平均温度为22℃;发生炉煤气成分见表10-1。

表 10-1 发生炉煤气成分

成 分	CO	H_2	CH_4	O_2	CO_2	H_2S	N_2	干燥气含水
体积分数/%	27.5	13	0.5	0.2	5	0.2	53.6	$g=60$ g/m³

10.1 燃料燃烧计算

(1) 煤气的主要参数。

1) 湿煤气成分。表10-1 中煤气成分换算后的结果见表10-2。

表 10-2 湿煤气成分 (%)

成 分	$CO_{湿}$	$H_{2湿}$	$CH_{4湿}$	$O_{2湿}$	$CO_{2湿}$	$H_2S_{湿}$	$N_{2湿}$	$H_2O_{湿}$
体积分数/%	25.67	12.1	0.465	0.186	4.65	0.186	49.89	6.392

2) 煤气密度。根据燃烧公式计算得煤气密度 ρ_0 为:

$$\rho_0=\frac{44\varphi(CO_2)+28\varphi(CO)+32\varphi(O_2)+34\varphi(H_2S)+2\varphi(H_2)+16\varphi(CH_4)+28\varphi(N_2)+18\varphi(H_2O)}{22.4\times100} \tag{10-1}$$

解得:$\rho_0=1.09$ kg/m³

在22℃时,湿煤气密度 ρ_{22} 为:

$$\rho_{22}=\rho_0\times\frac{273}{273+22} \tag{10-2}$$

解得:$\rho_{22}=1.01$ kg/m³

3) 湿煤气的低发热量 $Q_{用}^{低}$。

$$Q_{用}^{低}=126.5\varphi(CO)_{湿}+108\varphi(H_2)_{湿}+360\varphi(CH_4)_{湿}+232\varphi(H_2S)_{湿} \tag{10-3}$$

解得:$Q_{用}^{低}=4765$ kJ/m³

(2) 理论空气需要量。根据燃烧公式得:

$$L_0=\frac{0.5\varphi(H_2)_{湿}+0.5\varphi(CO)_{湿}+1.5\varphi(H_2S)_{湿}-\varphi(O_2)_{湿}}{21} \tag{10-4}$$

式中 L_0——干空气理论需要量,m³/m³。

解得:$L_0=0.948$ m³/m³

则有：

$$L_0^{湿}=L_0(1+0.00124\varphi_{相}\cdot g_{水}^{干}) \tag{10-5}$$

式中 $\varphi_{相}$——地区相对湿度，取值77%；

$g_{水}^{干}$——空气的饱和水汽含量，g/m³，查《有色冶金炉设计手册》得 $g_{水}^{干}=21.54\ g/m^3$。

解得正常空气理论需要量：$L_0^{湿}=0.967\ m^3/m^3$

（3）实际空气需要量（L_n）。按干燥筒入口烟气温度为850℃考虑，由热平衡确定空气系数。

1）燃烧产物的计算。

$$V_{CO_2}=0.01(\varphi(CO)_{湿}+\varphi(CO_2)_{湿}+\varphi(CH_4)_{湿}+2\varphi(C_2H_4)_{湿}) \tag{10-6}$$

解得：$V_{CO_2}=0.308\ m^3/m^3$

$$V_{SO_2}=0.01\varphi(H_2S)_{湿} \tag{10-7}$$

解得：$V_{SO_2}=0.00186\ m^3/m^3$

$$V_{H_2O}=0.01(2\varphi(CH_4)_{湿}+2\varphi(C_2H_4)_{湿}+\varphi(H_2)_{湿}+\varphi(H_2S)_{湿}+\varphi(H_2O)_{湿}+0.00124\varphi_{相}\,g_{水}^{干}\,L_n) \tag{10-8}$$

解得：$V_{H_2O}=0.196+0.02057L_n\ m^3/m^3$

$$V_{O_2}=0.21(\alpha-1)L_0=0.21L_n-0.21\times0.97 \tag{10-9}$$

式中 α——过剩空气系数。

解得：$V_{O_2}=0.21L_n-0.024$

$$V_{N_2}=0.01(\varphi(N_2)_{湿}+79L_n) \tag{10-10}$$

解得：$V_{N_2}=0.4989+0.79L_n$

所以，燃烧产物的体积 V_n 为：

$$V_n=V_{CO_2}+V_{H_2O}+V_{SO_2}+V_{O_2}+V_{N_2} \tag{10-11}$$

解得：$V_n=0.8+1.021L_n$

2）燃烧室的平衡（以燃烧1 m³湿煤气计算）。

煤气燃烧热为：

$$Q_{燃}=Q_{低}^{用}\times1 \tag{10-12}$$

解得：$Q_{燃}=4765\ kJ/m^3$

空气带入显热为：

$$Q_{空}=L_n\cdot c\cdot t_{空} \tag{10-13}$$

式中 c——空气的平均比热容，取1.005 kJ/(m³·℃)；

$t_{空}$——空气的温度，22℃；

解得：$Q_{空}=29.48L_n$

燃烧产物带走的热量为：

$$Q_{产}=V_n c_{产}\,t_{产} \tag{10-14}$$

式中 $c_{产}$——产出气体在热交换器中的平均比热容，取1.005 kJ/(m³·℃)；

$t_{产}$——产出气体在热交换器中的平均温度，取850℃。

解得：$Q_{产}=1020+1302L_n$

燃料的不完全燃烧及燃烧室的散热损失设为 $0.1Q_{燃}$，则：

$$Q_{失}=0.1Q_{燃} \tag{10-15}$$

解得：$Q_{失}=476.5\ kJ/m^3$

由燃烧室热平衡得：

$$Q_{燃}+Q_{空}=Q_{产}+Q_{失} \tag{10-16}$$

解得：$L_n = 2.57\ m^3/m^3$

所以，空气系数为：

$$\alpha = \frac{L_n}{L_0^{湿}} \tag{10-17}$$

解得：$\alpha = 2.66$

（4）烟气的组成及其密度。燃烧产出烟气中各组分的质量为：

$$G_{CO_2} = V_{CO_2} \times \frac{44}{22.4} \tag{10-18}$$

解得：$G_{CO_2} = 0.605\ kg/m^3$

$$G_{H_2O} = V_{H_2O} \times \frac{18}{22.4} \tag{10-19}$$

解得：$G_{H_2O} = 0.2\ kg/m^3$

$$G_{SO_2} = V_{SO_2} \times \frac{64}{22.4} \tag{10-20}$$

解得：$G_{SO_2} = 0.00532\ kg/m^3$

$$G_{O_2} = V_{O_2} \times \frac{32}{22.4} \tag{10-21}$$

解得：$G_{O_2} = 0.481\ kg/m^3$

$$G_{N_2} = V_{N_2} \times \frac{28}{22.4} \tag{10-22}$$

解得：$G_{N_2} = 3.2\ kg/m^3$

则燃烧产出烟气中各组分的质量为：

$$G_n^{湿} = 0.605 + 0.2 + 0.00532 + 0.481 + 3.2 \tag{10-23}$$

解得：$G_n^{湿} = 4.491\ kg/m^3$

又因为：$V_n = 0.8 + 1.018L_n$

解得：$V_n = 3.4228\ m^3/m^3$

所以湿烟气密度为：

$$\rho_{烟}^{湿} = \frac{4.491}{3.323} \tag{10-24}$$

解得：$\rho_{烟}^{湿} = 1.31\ kg/m^3$

$$G_n^F = 4.491 - 0.2 = 4.291\ kg/m^3 \tag{10-25}$$

式中　G_n^F——燃烧产出干烟气的质量，kg/m^3。

（5）烟气在850℃时的湿含量（d_1）。

$$d_1 = \frac{0.2 \times 1000}{4.2913} = 46.6\ g/kg \tag{10-26}$$

10.2　干燥过程基本计算

（1）脱水流量。依据质量平衡计算，得：

$$W = G_1 \frac{w_1 - w_2}{100 - w_2} \tag{10-27}$$

式中　W——干燥筒的脱水流量，kg/h；

G_1——进入干燥筒的湿物料流量，为 36000 kg/h；

w_1——干燥前湿物料含水的质量分数，为12%；

w_2——干燥后干物料含水的质量分数，为6.4%。

解得：$W = 2154$ kg/h

（2）蒸发每千克水的附加热消耗 Δq。

$$\Delta q = q_{料} + q_{失} - q_{水} \tag{10-28}$$

式中　Δq——蒸发每千克水的附加热消耗，kJ/kg；

$q_{料}$——蒸发每千克水加热物料所需的热量，kJ/kg；

$q_{失}$——蒸发每千克水的散热损失，kJ/kg；

$q_{水}$——每千克水随湿物料带入的显热，kJ/kg。

式(10-28)中各物理量的计算如下：

$$q_{料} = \frac{G_2}{W}\left(c_{料}\frac{100 - w_2}{100} + c_{水}\frac{w_2}{100}\right)(t''_{料} - t'_{料}) \tag{10-29}$$

式中　G_2——离开干燥筒的干物质流量，$G_2 = 36000 - 2154 = 33846$ kg/h；

$c_{料}$——干精矿的比热容，为0.83 kJ/(kg·℃)；

$c_{水}$——水的比热容，为4.187 kJ/(kg·℃)；

$t''_{料}$——排出的干精矿温度，为80℃；

$t'_{料}$——湿精矿的温度，为22℃。

解得：$q_{料} = 952.2$ kJ/kg

取 $q_{失}$ 为有效热量的10%，即：

$$q_{失} = 0.1 \times (2491.3 + 1.968t_2 + q_{料} - 4.187t'_{料}) \tag{10-30}$$

式中　t_2——出口烟气温度，为150℃。

解得：$q_{失} = 365$ kJ/kg

$q_{水} = 4.187 \times 22 = 92.114$ kJ/kg

所以：$\Delta q = 952.2 + 365 - 92.114 = 1225$ kJ/kg

（3）在 I-d 图上求解理论干燥过程。图10-1为求解过程示意图。当 $t_0 = 22$℃、$\varphi_{相} = 77\%$ 时，在湿空气的焓-湿度(I-d)图上查出 $I_0 = 53.5$ kJ/kg，$d_0 = 16$ g/kg，可决定 A 点。

$t_1 = 850$℃时，由 $d_1 = 46.6$ g/kg 确定 B 点。从 B 点开始，沿 $I = I_1 = I_2 =$ 常数这一直线与 $t_2 = 150$℃的等温线交于 C' 点，在湿空气的焓-湿度图上查出 $d'_2 = 345$ g/kg，则有每千克汽化水所需的干空气量 l' 为：

$$l' = \frac{1000}{d'_2 - d_1} \tag{10-31}$$

解得：$l' = 3.35$ kg/kg

则有：
$$\frac{\Delta q}{l'} = \frac{1225}{3.35} = 366 \text{ kJ/kg} \tag{10-32}$$

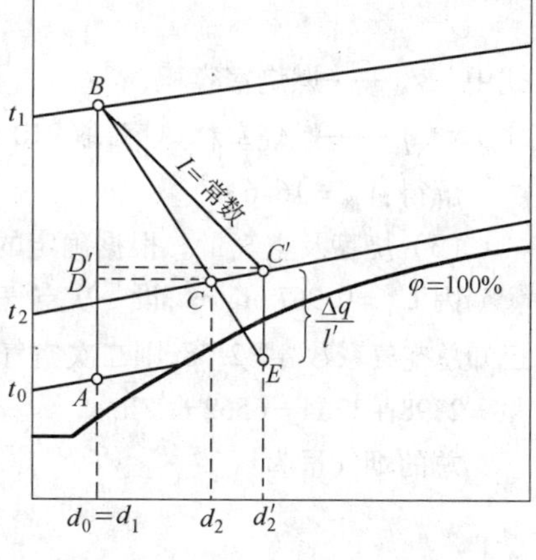

图10-1　空气作为干燥介质的实际干燥过程

（4）在 I-d 图上求解实际干燥过程。在湿空气的焓-湿度图（见图10-1）上，从 C' 点向下作垂直线 $C'E = 531$ kJ/kg，连接 BE 与 $t_2 = 150$℃的等温线相交于 C 点，C 点即为实际干燥过程的终点。查出 B 点的焓 $I_1 = 1109.5$ kJ/kg，C 点的焓 $I_2 = 887$ kJ/kg，$d_2 = 228$ g/kg，则有每千克汽化水所需的实际空气量 l 为：

$$l = \frac{1000}{d_2 - d_1} \tag{10-33}$$

解得：$l = 5.51$ kg/kg

用式(10-34)可求出离开干燥圆筒时气体的焓 I'_2：

$$I'_2 = I_1 - \frac{\Delta q}{l} \tag{10-34}$$

解得：$I'_2 = 887$ kJ/kg，与 I_2 相等，故求解正确。

蒸发 1 kg 水的热量消耗 q 为：

$$q = l(I_1 - I_0) \tag{10-35}$$

解得：$q = 5818$ kJ/kg

每小时的热量消耗 Q 为：

$$Q = Wq \tag{10-36}$$

解得：$Q = 1253 \times 10^4$ kJ/h

10.3　干燥设备的计算

10.3.1　燃烧装置

（1）煤气消耗量。

$$B_{燃} = \frac{Q}{Q^{用}_{低}} \tag{10-37}$$

式中　$B_{燃}$——煤气消耗量，m^3/h。

解得：$B_{燃} = 2630\ m^3/h$

（2）燃烧室容积。

$$V_{燃} = \frac{0.278 Q^{用}_{低} B_{燃}}{q_v} \tag{10-38}$$

式中　$V_{燃}$——燃烧室容积，m^3；

q_v——燃烧室释热率，取 $210 \times 10^3\ W/m^3$。

解得：$V_{燃} = 16.6\ m^3$

（3）烧嘴及空气量。根据确定的煤气耗量，选用扁缝涡流式煤气烧嘴 DW-I-6 型共两个。因 $L^{湿}_0 = 0.967\ m^3/m^3$，设一次空气系数为 1.1，则一次空气量 $= 1.1 \times 0.967 \times 2630 = 2798\ m^3/h$。已知总空气系数 $\alpha = 2.58$，则二次空气量 $= 0.967 \times (2.58 - 1.1) \times 2630 = 3764\ m^3/h$。总空气消耗量 $= 2798 + 3764 = 6562\ m^3/h$。

总的烟气量为：

$$V_{烟} = V_n B_{燃} W \frac{22.4}{18} \tag{10-39}$$

解得：$V_{烟} = 11675\ m^3/h$

根据选用 DW-II-6 型煤气烧嘴可知：一次空气管内径为 180 mm，煤气管内径为 160 mm。

当二次空气量为 $3764\ m^3/h$ 时，取管内气流速度为 13 m/s，则需内径为 200 mm 的二次管共 2 根，装置在燃烧室两侧，距烧嘴端墙约 2.0 m。

（4）燃烧室主要尺寸。确定燃烧室的内宽为 2.5 m，内长为 3.8 m，内拱高为 2.2 m。

干燥筒热平衡计算的结果列入表 10-3。

表 10-3 干燥筒的热平衡

热收入			热支出		
项目	W	比例/%	项目	W	比例/%
煤气燃烧热	2680883	89.40	水分蒸发耗热	1279380	42.65
煤气显热	16050	0.53	干精矿带走热	893240	29.8
空气显热	37450	1.24	烟气带走热	409401	13.65
精矿显热	265180	8.83	全部热损失	417543	13.9
合计	2999565	100.0	合计	2999565	100.0

10.3.2 干燥筒主要尺寸

(1) 干燥筒工作容积。

$$V_{筒}=\frac{W}{A_w} \tag{10-40}$$

式中 $V_{筒}$——干燥圆筒工作容积，m^3；

A_w——干燥筒容积干燥强度，取 80 kg/(m^3·h)。

解得：$V_{筒}=26.925\ m^3$

(2) 干燥筒内径。已知烟气总量为 11675 m^3/h(由式(10-39)求得)，换算成 150℃时的烟气量为：$V_{气}=\frac{11675}{3600}\times\frac{273+150}{273}=5.02\ m^3/s$，则干燥筒的内径为：

$$D_{筒}=1.13\sqrt{\frac{V_{气}}{\omega_{气}(1-\phi_{充})}} \tag{10-41}$$

式中 $D_{筒}$——干燥筒内径，m；

$V_{气}$——150℃时的烟气量，m^3/s；

$\omega_{气}$——筒内气流速，取 2.5 m/s；

$\phi_{充}$——物料在筒内的填充系数，取 0.2。

解得：$D_{筒}=1.79$ m

选用筒体钢板厚度为 12 mm；干燥筒外径为 1.814 m，取为 1.82 m。

(3) 干燥筒长度。

$$L_{筒}=1.27\frac{V_{筒}}{D_{筒}^2} \tag{10-42}$$

式中 $L_{筒}$——干燥筒的长度，m。

解得：$L_{筒}=10.67$ m，取为 11 m。

则干燥筒的长径比为：

$$\frac{L_{筒}}{D_{筒}}=\frac{11}{1.79}=6.15 \tag{10-43}$$

(4) 抄板形式及尺寸。参照同类型工厂生产设备，干燥筒头部(长 1 m)采用螺旋叶片式抄板，螺旋角为 45°，共 6 片。距干燥筒尾部 2 m 处，安装 1 圈(共 6 片)与筒壁成 60°交角的升举式抄板。干燥筒中部安装升举式抄板 9 圈，每圈 6 块，共计 54 块。每块抄板高 0.2 m、长 0.8m、厚 12 mm，材料为 Q235-A。采用焊接固定。

(5) 密封装置。密封装置采用轴向迷宫式，外径为 2.05 m，宽为 0.5 m。

(6) 挡料圈。为了防止加入筒内的物料漏入燃烧室，在干燥筒头部设置挡料圈，其内径为 0.9 m。

(7) 加料管。采用含 Cr 0.7% ~1.5% 的耐热铸铁管与水平呈 60°角倾斜插入干燥筒内，管口中心距挡料圈约 0.3 m，加料管内径为 0.3 m，壁厚为 12 mm。

10.3.3 干燥筒的运转参数

（1）斜度。按经验确定干燥筒倾斜度为5%（即窑体倾角$\beta=2°51'58''$）。

（2）转速。当$L_{抄}=10$ m、$\phi_{充}=0.2$时，采用顺流式干燥，取$m=0.5$、$k=0.7$，则：

$$n=\frac{m\cdot k\cdot L_{抄}\cdot A_w[200-(w_1+w_2)]}{120D_{筒}\cdot\phi_{充}\cdot\rho_{料}\cdot(w_1+w_2)\cdot\tan\beta} \tag{10-44}$$

式中 n——干燥筒的转速，r/min；

m——系数，m决定干燥筒内抄动装置的形式，取0.5；

k——取决于物料密度及物料与气体的互流方向，取0.7；

$L_{抄}$——干燥筒内设有抄板的长度，取10 m；

A_w——干燥筒容积干燥强度，kg/(m³·h)；

$\rho_{料}$——筒内物料的平均密度，取1860 kg/m³；

w_1，w_2——精矿干燥前后的水分含量，%。

解得：$n=3.57$ r/min，选用转速为4 r/min。

（3）物料在干燥筒内的停留时间。有抄动装置的干燥圆筒的计算公式为：

$$\tau=m\cdot k\frac{L_{抄}}{D_{筒}\cdot n\cdot\tan\beta} \tag{10-45}$$

解得：$\tau=8.78$ min

或按式（10-46）对顺流式进行计算，则有：

$$\tau=\frac{32L_{筒}}{i\cdot n^{0.9}\cdot D_{筒}}-\frac{9.85L_{筒}\cdot g_{气}}{g_{料}\cdot d^{0.5}} \tag{10-46}$$

式中 $g_{气}$——气体通过量，kg/(h·m²)；

$g_{料}$——物料通过量，kg/(h·m²)；

i——筒体斜度百分值，取5%；

d——物料颗粒直径，根据筛分分析资料，锌精矿的平均粒度为159 μm。

因为：
$$g_{气}=\frac{V_{筒}\rho_{烟}}{0.785D_{筒}^2},g_{料}=\frac{G_2}{0.785D_{筒}^2} \tag{10-47}$$

将式（10-47）代入式（10-46）中，则有：

$$\tau=\frac{32L_{筒}}{i\cdot n^{0.9}D_{筒}}-\frac{9.8V_{筒}\rho_{烟}}{G_2d^{0.5}} \tag{10-48}$$

解得：$\tau=\frac{32\times11}{5\times5^{0.9}\times1.79}-\frac{9.85\times11\times11675\times1.31}{36.35\times10^3\times(159)^{0.5}}=8.96$ min，该计算结果与式（10-45）相近。

（4）运转功率。若选功率系数$\sigma=0.053$，并取传动功率为0.75，则可利用式（10-49）计算干燥筒运转功率：

$$N=0.0013D_{筒}^3\cdot L_{筒}\cdot\rho_{料}\cdot\sigma\cdot n_{最大} \tag{10-49}$$

式中 N——干燥筒运转功率，kW；

σ——功率系数，为0.053；

$n_{最大}$——干燥筒最大转速，r/min。

解得：$N=0.0013\times1.79^3\times11\times1860\times0.053\times4=32.34$ kW，选用电机功率为35 kW。

10.4　干燥筒的布置

ϕ1.82 m×11 m 锌精矿回转干燥筒主要结构参数及技术性能，见表10-4。

表10-4　ϕ1.82 m×11 m 锌精矿回转干燥筒主要结构参数及技术性能

名　称	数　值	名　称	数　值
内径/m	1.82	1 kg 水干燥耗热量/kJ·kg^{-1}	5845
长度/m^3	11	燃烧室体积/m^3	12.8
容积/m^3	21.2	烟气入口温度/℃	850
长径比	7.9	烟气出口温度/℃	150
斜度/%	5	煤气低发热值/kJ·m^{-3}	4752
转速/r·min^{-1}	5	煤气消耗量/m^3·h^{-1}	2038
抄板形式	螺旋式+升举式	烧嘴型号	DW-Ⅱ-6
抄板安装长度/m	10	烧嘴数	2
电机功率/kW	28	一次空气消耗量/m^3·h^{-1}	2175
处理湿料量/t·h^{-1}	38	二次空气消耗量/m^3·h^{-1}	2926
干料产量/t·h^{-1}	36.35	总空气消耗量/m^3·h^{-1}	5101
蒸发水分量/kg·h^{-1}	1652	烟气量/m^3·h^{-1}	8882
干燥强度/kg·(m^3·h)$^{-1}$	78	空气进烧嘴前压力/Pa	1275~2450
炉料停留时间/min	9.2	煤气进烧嘴前压力/Pa	980~1960
干燥空气量/kg·m^{-3}	3.08		

ϕ1.82 m×11 m 锌精矿回转干燥筒总图，如图10-2所示。

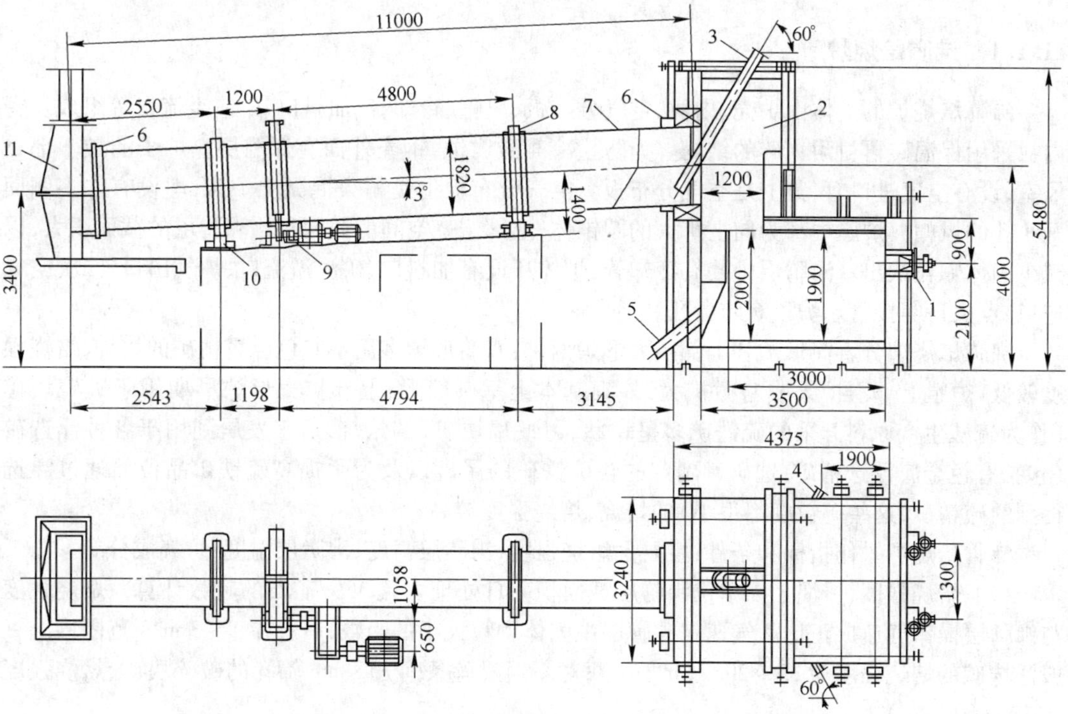

图10-2　ϕ1.82 m×11 m 锌精矿回转干燥筒总图（单位：mm）

1—煤气烧嘴；2—燃烧室；3—加料管；4—二次空气管；5—倒料排出漏斗；6—密封装置；
7—筒体；8—滚圈；9—传动装置；10—托轮挡轮；11—窑尾罩

图10-2中，右边布置燃烧室，湿物料从右边加入，与燃烧产生的高温气体一同向左边流动，即顺流。干燥筒由筒体、抄动装置、加料管、排料斗、窑尾罩、密封装置、传动装置以及燃烧装置组成。

11 焙烧(烧结)炉设计

焙烧、烧结是冶金中最常用的技术。焙烧、烧结所采用的设备很多,如鼓风烧结机、沸腾焙烧炉、竖式焙烧炉等。焙烧之后往往是接湿法冶金过程,要求被焙烧的物料不熔结;烧结之后往往是接火法冶金过程,要求被烧结的物料局部熔结,形成透气性好的块料。

铅精矿的烧结过程是一个强制的氧化脱硫过程。在烧结温度下,炉料发生部分熔融,从而在烧结冷却时引起凝固结块。烧结过程要进行烧结矿化学成分的控制、烧结过程状态的控制和烧结能耗的控制,通过调整原料参数、操作参数和设备参数,使指标参数和状态参数达到最优。要得到良好的烧结块,归根结底是设计合理的焙烧装置。

沸腾焙烧炉是用固体流态化技术完成焙烧硫化矿的装置。其实质是实现物料颗粒在炉内热气流中呈悬浮状态的氧化过程,过程的关键在于获得稳定的沸腾层。过程中有反应热放出,产生的含有 SO_2 的气体主要用来制酸,焙烧矿则进入下一步冶金工序。要得到良好的烧结块,同样需要设计合理的焙烧炉。

11.1 概述

11.1.1 沸腾焙烧炉

沸腾焙烧炉的炉体由炉壳、内衬、空气分布板、风帽、冷却管、加料口、矿渣溢流口等组成。壳内衬采用保温砖再衬耐火砖的结构。为防止冷凝酸腐蚀,钢壳外面有保温层。炉子的最下部是风室,设有空气进口管,其上是空气分布板。空气分布板上是耐火混凝土炉床,埋设有许多侧面开小孔的风帽。炉膛中部为向上扩大的圆锥体,上部焙烧空间的截面积比沸腾层的截面积大,以减少固体颗粒吹出。沸腾层中装有冷却管,炉体还设有加料口、矿渣溢流口、炉气出口、二次空气进口、点火口等接管。炉顶有防爆孔。

沸腾焙烧炉分直筒形炉和上部扩大形炉两种:直筒形炉多用于有色金属精矿的焙烧,焙烧强度较低,炉膛上部不扩大或略微扩大,外观基本上呈圆筒形;上部扩大形炉早期用于破碎块矿(作为硫酸生产原料开采的硫铁矿多呈块状,习惯称块矿)的焙烧,后来发展到用于各种浮选矿(包括有色金属浮选精矿、选矿时副产的含硫铁矿的尾砂以及为了提高硫铁矿品位而通过浮选得到的硫精矿,这些矿粒度都很小)的焙烧,焙烧强度较高。

沸腾焙烧炉操作指标和条件:主要是焙烧强度、沸腾层高度、沸腾层温度、炉气成分等。

(1) 焙烧强度,习惯上以单位沸腾层截面积一日处理含硫35%矿石的吨数计算。焙烧强度与沸腾层操作气速成正比。气速是沸腾层中固体颗粒大小的函数,一般在 1~3 m/s 范围内。一般浮选矿的焙烧强度为 15~20 $t/(m^2 \cdot d)$;对于通过丝条间方 3 mm 筛孔的破碎块矿,焙烧强度为 30 $t/(m^2 \cdot d)$。

(2) 沸腾层高度,即炉内排渣溢流堰距离风帽的高度,一般为 0.9~1.5 m。

(3) 沸腾层温度,随硫化矿物、焙烧方法等的不同而异,例如,锌精矿氧化焙烧温度为 1070~1100℃,而硫酸化焙烧温度为 900~930℃;硫铁矿的氧化焙烧温度为 850~950℃。

(4) 炉气成分,例如,硫铁矿氧化焙烧时,炉气中 SO_2 占 13%~13.5%,SO_3 不多于 0.1%;硫酸化焙烧时空气过剩系数大,故炉气中 SO_2 浓度低而 SO_3 含量增加。

沸腾焙烧炉的特点有:焙烧强度高;矿渣残硫低;可以焙烧低品位矿;炉气中 SO_2 浓度高、SO_3 含量少;可以较多地回收热能产生的中压蒸汽,焙烧过程产生的蒸汽通常有 35% ~45% 通过沸腾层中的冷却管获得;炉床温度均匀;结构简单,无转动部件,且投资省,维修费用少;操作人员少,自动化程度高,操作费用低;开车迅速而方便,停车引起的空气污染少。但沸腾炉炉气带矿尘较多,空气鼓风机动力消耗较大。

11.1.2 烧结机

烧结机有鼓风链式、吸风链式、简易抽风带式、抽风带式烧结机等类型。

常用的鼓风链式烧结机是根据我国冶金行业炼铁工艺的发展需要而研制开发的新产品,具有投资少、效率高、见效快、节电明显、环保效果好、使用方便、操作简单、维修费用低等特点,且其机械化程度高,便于实现计算机系统自动化。其规格型号有 18 m^2、24 m^2、28 m^2、36 m^2 系列。

抽风带式烧结机适用于大型黑色冶金烧结作业。它是抽风烧结过程中的主体设备,可将不同成分、不同粒度的精矿粉、富矿粉烧结成块,并部分消除矿石中所含的硫、磷、砷等有害杂质。烧结机主要由铺底料装置、原料给料装置、原料溜槽、传动装置、头部链轮、吸风装置、台车、头部台架、中部台架、尾部台架、移动架、一灰箱、二灰箱、头部端部密封、尾部端部密封、头部密封罩、尾部密封罩、润滑系统、隔热装置、箅条清扫器、黏结矿检测装置、台车吊具和各检测平台等组成。简易抽风带式烧结机有 18 m^2、24 m^2、28 m^2、36 m^2、45 m^2、60 m^2 等规格型号。抽风链式烧结机有 24 m^2、36 m^2、28 m^2、52 m^2、60 m^2、68 m^2、75 m^2、90 m^2、105 m^2 系列规格型号。

烧结机按烧结面积划分为不同长度、不同宽度的几种规格,可根据产量或场地情况进行选用。烧结面积越大,产量就越高。

烧结机工作过程是:经圆筒混合机混合及造过球的原料,通过布料机进入烧结机给料装置的料槽,再由圆辊给料机定量地通过原料溜槽铺到已预先铺好底料的台车上;装完料的台车由头部链轮推动,经点火炉点火后,在表面形成一个燃烧带;台车在继续行进中,被位于其下部的吸风装置抽风燃烧,使燃烧带向下移动;到尾部接近排料端时,燃烧带到达料层底部,烧结作业即告完成。台车在尾部卸料后,通过链轮转到下部回车道,在尾部链轮推动下沿回车道运转到头部,又被头部链轮啮合着翻转到上部轨道,继续进行下一循环的烧结作业。

11.2 烧结设备的设计

关于烧结机及其他各项的计算具体如下。

(1) 烧结机生产能力。确定烧结机生产能力,一般根据烧结试验数据或同类型原料实际生产数据并按式(11-1)计算确定,即:

$$Q = 60K \cdot A_{效} \cdot \gamma \cdot v$$

或

$$Q = q \cdot A_{效} \tag{11-1}$$

式中 Q——烧结机生产能力,t/h;

K——成品率,%;

$A_{效}$——有效烧结面积,m^2;

γ——混合料堆积密度,t/m^3;

v——垂直烧结速度(按试验确定),m/min;

q——单位面积产量(利用系数),$t/(m^2 \cdot h)$。

(2) 烧结机面积。当产量设定后,烧结机有效烧结面积根据正常生产量和利用系数 q 计算后确定。

$$A_{效} = \frac{正常日产量}{q \times 24} \tag{11-2}$$

$$正常日产量 = \frac{烧结矿年产量}{365 \times 作业率}$$

式中 $A_{效}$——烧结机有效烧结面积,m^2。

烧结矿的年产量是由整个冶金工厂的物料平衡来确定的;烧结机的作业率一般取 85% ~ 90%;利用系数 q 可根据试验或类似烧结厂的生产情况确定。

(3) 混合料仓容积的确定。烧结台车上混合料的最大波动量一般为 10% ~15%。有中子水分计的混合料仓如图 11-1 所示。当混合料仓没有中子水分计时,其贮存量为烧结最大产量 8 ~15 min 内所需的混合料量。当混合料仓有中子水分计时,各项参数计算如下:

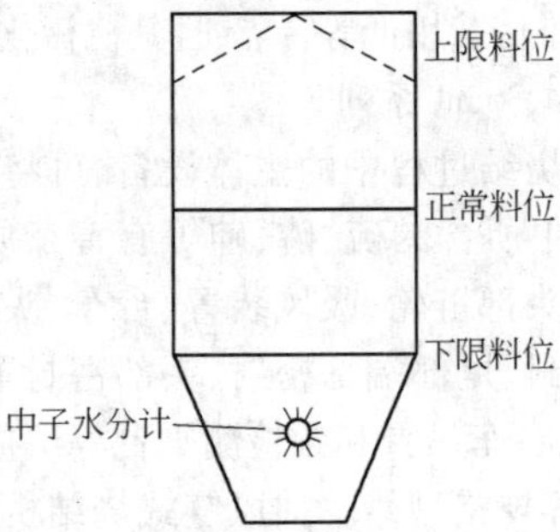

图 11-1 混合料仓示意图

$$t = 0.6t_1 \tag{11-3}$$

$$V_{效} = Q_n t/60\gamma \tag{11-4}$$

$$V_t = V_{效}/(0.85 \sim 0.90) \tag{11-5}$$

式中 t——混合料仓贮存时间,min;

t_1——混合料的运输时间,从配料至运输到烧结机台车一般为 7 ~9 min;

$V_{效}$——混合料仓有效容积,m^3;

Q_n——料斗的混合料给料量,t/h;

γ——混合料堆积密度,$\gamma = 1.6 \sim 1.8\ t/m^3$;

V_t——混合料仓几何容积,m^3。

(4) 铺底料仓容积。一般来说,铺底料仓贮存时间应等于烧结时间、冷却机冷却时间与铺底料运输时间之和。但对于鼓风冷却设备,由于冷却时间长,使铺底料仓的贮存时间达 80 min 以上,显然是不经济的,应通过合理的操作方式(如刚开机时,可将铺底料厚度降至 15 mm 左右)适当减少贮存时间。

$$V'_{效} = \frac{Q'_n}{60\gamma'} t' \tag{11-6}$$

$$V'_t = V'_{效}/(0.75 \sim 0.80) \tag{11-7}$$

式中 $V'_{效}$——铺底料仓有效容积,m^3;

Q'_n——设备设计的铺底料量,t/h;

γ'——铺底料堆积密度,$\gamma' = (1.7 \pm 0.2)\ t/m^3$;

t'——铺底料仓贮存时间,min,对于鼓风冷却设备取 60 ~80 min,对于抽风冷却设备取 30 ~50 min;

V'_t——铺底料仓几何容积,m^3。

(5) 台车宽度。烧结机的面积确定之后,台车的宽度要与面积相适应。表 11-1 所示为德国

表 11-1 德国鲁奇公司和日本日立造船公司推荐的烧结机长宽比以及相应的最大规格烧结机

台车宽度/m	烧结面积/m^2	烧结机有效长度与台车宽度之比	日立造船制造的最大烧结机/m^2	鲁奇公司制造的最大烧结机/m^2
3	≤200	≤22	183	258
4	≤400	≤25	320	400
5	≤700	≤28	600	400

鲁奇公司和日本日立造船公司推荐的烧结机长宽比以及相应的最大规格烧结机。

烧结机的台车宽度有 1.5 m、2 m、2.5 m、3 m、3.5 m、4 m、5 m 几种。

(6) 烧结机长度。烧结机的长度由式(11-8)计算：

$$L = L_x + L_s + L_y \tag{11-8}$$

式中 L——烧结机头、尾星轮中心距，m；

L_x——头部星轮中心至风箱始端距离，m；

L_s——烧结机有效长度，m；

L_y——风箱末端至尾部星轮中心距，m。

L_s 的数值由烧结机面积和台车宽度计算得出。L_x 及 L_y 的数值随台车宽度、尾部机架形式、烧结机布料方式以及头尾密封板长度的不同而变化。例如，台车宽度为 3 m 的烧结机，其 L_x 和 L_y 的数值如图 11-2 所示。

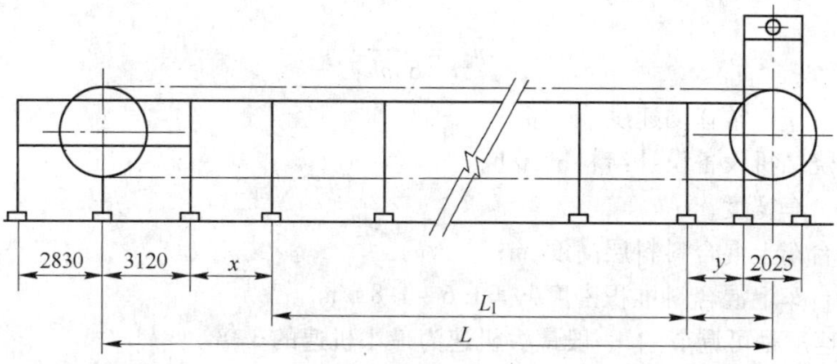

图 11-2 台车宽 3 m 烧结机的机尾摆架结构参数(单位：mm)

图 11-2 中，x 值在单层布料及机头采用一组密封板的情况下为最小值，等于 2.5 m；当采用双层布料或头部设置多组密封板时，则需 x 值加大。当尾部为一组密封板时，y 值为最小值，等于 1.475 m；当设置多组密封板时，需加大 y 值。

查烧结设计手册可知，台车宽 4 m、尾部设摆架的烧结机长度参数为：x 的最小值为 3.375 m，y 的最小值为 1.8 m。尾部设移动架、台车宽度为 4 ~ 5 m 的烧结机长度参数为：对于台车宽度为 4 m的烧结机，x 的最小值为 3.375 m；对于台车宽 5 m 的烧结机，x 的最小值为 4.125 m；两者 y 的最小值相等，均为 2.8 m。

我国烧结机大多为中小型，L_x、L_y 的值如下：

对于 130 m^2 烧结机，台车宽 2.5 m，机尾设移动架，$L_x = 8995$ mm，$L_y = 4250$ mm；对于 24 m^2 烧结机，台车宽 1.5 m，机尾设移动架，$L_x = 7080$ mm，$L_y = 4170$ mm。

烧结机尾部的结构形式，不论大、中、小型，应尽量采用移动架。

按照上述方法计算出来的烧结机长度还需要进行调整，并满足式(11-9)的要求：

$$\frac{(L - C) \times 2}{L_p} = \text{整数} \tag{11-9}$$

式中 L——烧结机长度，m；

C——系数，m；

L_p——台车长度，m。

C 值随星轮直径的不同而异，L_p 值随台车宽度的不同而变化，见表 11-2。

表 11-2　C 值和 L_p 值的变化

台车宽度/m	L_p/m	C/m	星轮上的台车数/个
3	1.0	0.245	10
4	1.5	0.35	9
5	1.5	0.35	9

(7) 烧结机台车数与机速。烧结机台车数由式(11-10)计算得出,即:

$$n_p = \frac{(L-C)\times 2}{L_p} + n_{po} \tag{11-10}$$

式中　n_p——烧结机台车数,个;

n_{po}——星轮上的台车数,个。

烧结机台车移动速度(机速)计算公式如下:

$$v_{s\text{-}n} = \frac{Q_n}{60bh\gamma} \tag{11-11}$$

式中　$v_{s\text{-}n}$——台车正常移动速度,m/min;

Q_n——烧结机设备设计给料量,t/h;

b——台车宽度,m;

h——台车上混合料料层高度,m;

γ——台车上混合料堆积密度,$\gamma = 1.6 \sim 1.8\ t/m^3$。

台车移动速度是可调节的,一般最大机速为最小机速的3倍。

$$v_{s\text{-}max} = v_{s\text{-}n}/(0.7\sim0.8),\ v_{s\text{-}max}/v_{s\text{-}min} = 3/1 \tag{11-12}$$

式中　$v_{s\text{-}max}$——台车最大移动速度,m/min;

$v_{s\text{-}min}$——台车最小移动速度,m/min;

$v_{s\text{-}n}$——台车正常移动速度,m/min。

烧结机台车的移动速度还可用式(11-13)计算:

$$v_{s\text{-}n} = \frac{v_f L_s}{h} \tag{11-13}$$

式中　v_f——垂直烧结速度,$v_f = (23\pm5)\times10^{-3}$ m/min。

(8) 烧结机风箱的布置。应在有效长度内布置风箱。中、小型烧结厂采用2 m长的风箱,大型烧结厂采用4 m长的风箱,在每一机架间布置两个风箱,因此,烧结机标准机架框距为8 m。根据实际需要,另设置(3.5)、3、(2.5)及2 m长的非标准风箱(带括号的长度不常采用)。烧结机有效长度和风箱个数可由式(11-14)和式(11-15)确定,即:

$$L_s = L_f + 4n_1 + 3n_2 + 2n_3 \tag{11-14}$$

$$n_w = n'_w + n_1 + n_2 + n_3 \tag{11-15}$$

式中　L_s——烧结机有效长度,m;

L_f——烧结机点火段长度,m;

n_1——4 m长风箱个数,个;

n_2——3 m长风箱个数,个;

n_3——2 m长风箱个数,个;

n_w——风箱个数,个;

n'_w——点火段风箱个数,个。

确定风箱个数以后,再布置烧结机的中部机架。

(9) 烧结机驱动电机功率。在做可行性研究时,可用经验公式(11-16)估算烧结机驱动电机功率:

$$N = 0.1A_{效} \tag{11-16}$$

式中 N——电动机驱动电机功率,kW;

$A_{效}$——有效烧结面积,m^2。

不同规格的烧结机所配用的驱动电机功率列于表 11-3。

表 11-3 不同烧结面积的烧结机驱动电机功率

有效烧结面积/m^2	驱动电机功率/kW①	有效烧结面积/m^2	驱动电机功率/kW①
$130 < A_{效} < 200$	22	$350 \leqslant A_{效} < 400$	45
$200 \leqslant A_{效} < 300$	30	$400 \leqslant A_{效} < 500$	55
$300 \leqslant A_{效} < 350$	37	$500 \leqslant A_{效} < 600$	75

① 采用标准直流电动机,电动机转速为 300 ~ 900 r/min。

烧结机驱动电机功率还可按式(11-17)来计算:

$$N = MvK/(0.931\eta_1) \tag{11-17}$$

式中 N——烧结机驱动电机功率,kW;

M——星轮驱动转矩,t · m;

v——星轮转速,r/min;

K——安全系数,通常取 1.2;

η_1——机械效率,通常取 0.72;

0.931——单位换算系数。

(10) 圆辊给料机。圆辊给料机的选择计算内容,包括直径、长度、转速和驱动电机功率。

1) 直径。圆辊的直径按生产能力只需 1 m,为了便于检修时更换衬板,要适当加大圆辊的直径。但过大的直径会增加布料落差,破坏料层的透气性。大型烧结机的圆辊给料机直径通常为 1.25 ~ 1.5 m。

2) 长度。圆辊的长度要与烧结机台车的宽度相配合,并随台车宽度的变化而变化。表 11-4列出了圆辊给料机圆辊长度、直径与台车宽度的关系。

表 11-4 圆辊的长度、直径与台车宽度的关系(参考值)

台车名义宽度/m	台车顶面宽度/m	台车炉箅面宽度/m	圆辊长度/m	圆辊直径/m	混合料仓系数 C
1.5			1.44	0.8	
2.5			约 2.55	1.0 ~ 1.3	
3	3.09	2.96	3.04	1.0 ~ 1.3	23×10^{-2}
4	4.09	3.96	4.04	1.2 ~ 1.4	25×10^{-2}
5	5.13	5.0	5.08	1.3 ~ 1.5	27×10^{-2}

3) 转速。圆辊给料机的转速由式(11-18)计算确定:

$$n = Q_n/(60K\pi DhL_R\gamma) \tag{11-18}$$

式中 n——圆辊给料机正常转速,r/min;

Q_n——设备设计的混合料给料量,t/h;

K——与圆辊中心线位置有关的系数,通常为1.0~1.1,当圆辊中心线位于混合料仓中心线之前(沿烧结机前进方向)或两者重合时,K值取1.0,当圆辊中心线位于混合料仓中心线之后时,K值取1.1;

D——圆辊直径,m;

h——圆辊给料机开口度,$h = (70 \pm 30) \times 10^{-3}$m;

L_R——圆辊长度,m;

γ——混合料堆积密度,t/m³。

圆辊给料机的最大转速n_{max}按式(11-19)计算:

$$n_{max} = n/(0.7 \sim 0.8) \tag{11-19}$$

4）驱动电机功率。圆辊给料机的驱动电机功率由式(11-20)计算:

$$N_R = CL_R D n_{max} \tag{11-20}$$

式中　N_R——圆辊给料机的驱动电机功率,kW;

C——混合料仓系数。

烧结机圆辊给料机驱动电机为调速电机,转速为300~900 r/min,其电机功率N_R与烧结台车宽度b的关系见表11-5。

表11-5　圆辊给料机电机功率N_R与烧结台车宽度b的关系

b/m	5	4	3
N_R/kW	18.5	11~15	7.5

11.3　沸腾焙烧炉的设计

11.3.1　沸腾焙烧炉的计算

(1) 设备主要参数的确定。

1）炉床有效面积$F_床$的计算。

$$F_床 = \frac{B_计 \cdot L_0 \cdot a_沸}{3600 v_垂} \tag{11-21}$$

式中　$F_床$——炉床有效面积,m²;

$B_计$——计算小时处理量,kg/h;

L_0——理论燃烧空气消耗量(标态),m³/kg;

$a_沸$——沸腾区过量空气系数,取1.15;

$v_垂$——垂直段底部冷态空气流速,取1.0m/s。

2）风帽总通风面积的计算。

风帽的总通风面积$\sum f_帽$为单个风帽通风面积$f_帽$的总和,即:

$$\sum f_帽 = \frac{B_计 \cdot L_0 \cdot a_沸}{3600 \times 20 v_帽} \tag{11-22}$$

式中　$f_帽$——每个风帽小孔的通风面积,m²;

$v_帽$——通过风帽小孔的风速,m/s。

3）炉膛扩散段截面积$F_扩$的计算。

$$F_扩 = \frac{B_计 \cdot V_g \cdot a_扩}{3600 v_扩} \tag{11-23}$$

式中：$F_{扩}$——炉膛扩散段截面积，m^2；

V_g——燃烧生成的烟气量（标态），m^3/kg；

$a_{扩}$——扩散段过剩空气系数，取1.3；

$v_{扩}$——扩散段冷态风速，m/s，取0.25～0.45 m/s。

4）前室高度和长度的确定。

$$H = \frac{L \cdot W}{1.33V} \tag{11-24}$$

$$L = \frac{1.33v \cdot H}{W} \tag{11-25}$$

式中 H，L——分别为前室高度和长度，m；

W——尘粒的沉降速度，m/s，取1.33 m/s；

v——烟气流速，m/s，取1.5 m/s。

5）前室横截面积的计算。

$$F = \frac{Q_{烟}}{3600\ v} \tag{11-26}$$

式中 F——前室的横截面积，m；

$Q_{烟}$——烟气流量，m^3/h。

6）能达到沸腾燃烧状态所需的鼓风量和风压的计算。

$$Q = n \cdot f_{帽} \cdot v_{帽} \cdot K \tag{11-27}$$

$$P = 9.8\ K\ (P_{风} + P_{渣}) \times \frac{760}{P_{地}} \tag{11-28}$$

式中 Q——能达到沸腾燃烧状态所需的鼓风量，m^3/h；

P——能达到沸腾燃烧状态所需的风压，Pa（mmH_2O）；

n——炉床上实际风帽个数；

$P_{风}$——鼓风系统阻力，风管阻力取196 Pa（20 mmH_2O），风帽阻力取1766 Pa（180 mmH_2O）；

$P_{渣}$——沸腾炉床的渣层阻力，渣厚500 mm时取3924 Pa（400 mmH_2O）；

$P_{地}$——当地大气压，Pa（mmH_2O）；

K——储备系数，取1.3。

在选择风机时，可将根据计算求得的风量和风压适当增加20%，来确定其规格型号。

（2）最佳沸腾速度的选择。要使燃料在炉内保持稳定的沸腾状态，只有选择在临界风速和带出风速之间的沸腾操作速度，而沸腾临界风速和带出风速取决于燃料的特性和颗粒分布。为使大颗粒能被吹起和考虑低负荷时的正常沸腾，应选用较大的沸腾速度；然而，要尽量使细颗粒不被吹走，沸腾速度又不宜过大。锌精矿焙烧的沸腾临界风速在1 m/s左右，带出风速大约是临界风速的6～7倍，而正常沸腾风速为沸腾临界风速的2～3倍。

11.3.2 沸腾焙烧炉的设计实例

（1）年产10万吨电锌的沸腾焙烧炉设计计算。已知：处理精矿量（干基）为624.24 t/d，设计选取炉床生产能力为5.8 t/（m^2·d）。

1）沸腾焙烧炉的主要参数。

沸腾焙烧炉炉床面积：　$F_{床} = \frac{624.24}{5.8} = 107.63\ m^2$

因此，选 $F_{床} = 109\ m^2$ 鲁奇式焙烧炉一台，即 $F_{本床} = 109\ m^2$。

风帽的总通风面积$\sum f_{帽}$为单个风帽通风面积$f_{帽}$的总和,即:

$$\sum f_{帽} = \frac{51651 \times 2.058 \times 1.01}{3600 \times 20 \times 1.02} = 1.46\ m^2$$

炉膛扩大段截面积$F_{扩}$的计算为:

$$F_{扩} = \frac{25.858 \times 5352 \times 1.4}{3600 \times 0.28} = 192.2\ m^2$$

流化本床直径为:

$$D_{本床} = 1.13\sqrt{F_{本床}} = 1.13\sqrt{109} = 11.80\ m \tag{11-29}$$

流化层高度为:

$$H_{层} = (1.2 \sim 1.5)\frac{F_{换热}}{\pi \cdot D_{本床}} = 1.24 \times \frac{35}{3.14 \times 11.80} = 1.17\ m \tag{11-30}$$

式中　$F_{换热}$——液态化焙烧炉所需的换热面积,m^2,由冶金热平衡计算可得锌焙烧的$F_{换热} = 35\ m^2$。

炉膛有效高度为:

$$H_{膛} = \frac{\alpha \cdot V_{烟} \cdot (1 + t_{膛}/273) F_{床} \cdot \tau_{尘}}{86400 F_{扩}} \tag{11-31}$$

$$= \frac{5.8 \times 5352(1 + 900/273) \times 107 \times 18}{86400 \times 192.2} = 15.47\ m$$

式中　$V_{烟}$——每吨物料所产生的烟气量,m^3/t;

$t_{膛}$——炉膛温度,℃;

$\tau_{尘}$——烟尘在炉膛内必需的停留时间,s。

2) 抛料机。大型沸腾炉采用抛料机给料,不用前室。本设计选用抛料量$Q = 20$ t/h、宽度$B = 500$ mm、速度$v = 18 \sim 20$ m/s的抛料机3台,2台生产,1台备用。

3) 流态化冷却器。根据冶金计算,焙烧炉溢流焙砂量为10.93 t/h,本设计选用能力为11.3 t/h的流态化冷却器2台。正常生产时,2台流态化冷却器同时工作,如1台检修时,另1台也能满足生产。

4) 冷却圆筒。冷却圆筒用来冷却溢流焙砂和余热锅炉收集的烟尘。冷却焙砂量为10.93 + 11.44 × 30% = 14.36 t/h,焙砂入口平均温度为500℃。因此选用ϕ1920 mm × 9600 mm内冷式高效圆筒冷却机1台,出料温度为150℃,处理量为17 t/h。

5) 鼓风机。能达到沸腾燃烧状态所需的鼓风量Q和风压P的计算如下。

根据冶金计算,焙烧需空气量51544 m^3/h,云南地区平均大气压为80.98 kPa,最热月平均气温为20℃,风机富余系数取1.25,则:

$$风机的风量 = 51544 \times \frac{101.325}{80.98} \times \frac{273 + 20}{273} \times 1.25 = 86523\ m^3/h \quad (即1442\ m^3/min)$$

$$风压\quad P = 9.8\ K\ (P_{风} + P_{渣}) \times \frac{760}{P_{地}}$$

$$= 9.8 \times 1.5 \times (1862 + 106050) \times \frac{760}{80980} = 19.35\ kPa$$

根据生产实践,选取风机出口升压为26.5 kPa。

本设计选用离心鼓风机2台,风量为1500 m^3/min,升压为26.5kPa,电机功率为800 kW(电压10 kV),一用一备。

6) 排料口。排料口分为溢流式和底流式。通常采用溢流式,其有外溢式和内溢式两种基本

形式,以外溢式最为常见。本设计采用外溢式排料口,外溢式排料口的计算如下:

$$B_{溢} = 500\left(\frac{G_{排料}}{\gamma_{粒}}\right)^{0.23} \tag{11-32}$$

式中　$B_{溢}$——溢流口宽度,mm;

$G_{排料}$——炉子排料量,kg/h;

$\gamma_{料}$——焙烧矿的密度,kg/m^3。

则:$B_{溢} = 500 \times \left(\frac{26000}{3500}\right)^{0.23} = 793.0$ mm,取 800 mm。

7) 气体分布板。气体分布板由风帽、花板和耐火衬垫构成。气体分布板的设计主要是计算孔眼率(风帽孔眼总面积与炉床面积之比),有按孔眼喷出速度计算和按气体分布板最小阻力计算两种方法。以前者为例计算如下:

$$b_{孔} = \frac{\omega_{操作}\left(1 + \frac{t_{孔眼}}{273}\right)}{20\omega_{孔眼}\left(1 + \frac{t_{操作}}{273}\right)} \times 100\% \tag{11-33}$$

式中　$b_{孔}$——气体分布板的孔眼率,%;

$\omega_{操作}$——操作时床层的气流速度,m/s;

$\omega_{孔眼}$——操作时孔眼的气流速度,m/s;

$t_{操作}$——操作时床层的气流温度,℃;

$t_{孔眼}$——操作时孔眼的气流温度,℃。

则:
$$b_{孔} = \frac{0.134 \times \left(1 + \frac{900}{273}\right)}{20 \times 1.02 \times \left(1 + \frac{300}{273}\right)} \times 100\% = 1.34\%$$

用前述孔眼总面积与床面积之比来校核:$b_{孔} = 1.46 \div 109 \times 100\% = 1.34\%$,校核结果与计算结果接近,证明该计算结果正确。

(2) 锌精矿沸腾焙烧炉的主要技术性能。锌精矿沸腾焙烧炉(109 m^2)的主要技术性能见表 11-6。

表 11-6　锌精矿沸腾焙烧炉(109 m^2)的主要技术性能

项　目		数　值
生产能力		624 t/d(干基)
炉床面积	沸腾床	109 m^2
	上部炉膛	192 m^2
沸腾层高度		1000 mm
焙烧温度	沸腾层	(910 ±30)℃
	炉　膛	(950 ±30)℃
鼓风量		51561 m^3/h(标态,干基)
烟气量		53252 m^3/h(标态,干基)

其结构特点有:由于鲁奇式沸腾焙烧炉容积大、热稳定性好,因此炉子容易控制,便于实现计算机自动化控制;采用直通式风帽,风帽不易堵塞也容易清理,且阻力小有利于节能;沸腾炉出烟口与锅炉入口之间采用特殊结构的柔性连接,既保证了此处的密封,又解决了锅炉和沸腾炉之间

膨胀不一致的问题,克服了老炉型的烟气泄漏问题,改善了操作区的环境。

沸腾层的调温除设置六组 6 m^2 的管式冷却器以外,在沸腾炉上部还设置有喷水枪,可以进行超高温自动喷水冷却。沸腾层六组冷却器为锅炉的一部分,根据需要,管式冷却器可以减少为四组或五组。

根据沸腾炉的运行实践,西北冶炼厂及株洲冶炼厂的底排料装置运行效果均不理想,因此,本设计吸取温州冶炼厂等沸腾炉的成功经验,本设计沸腾炉的底排料口采用大锥形结构,并增加清理装置。

(3) 沸腾炉的冷却器。沸腾炉冷却器的主要技术性能如表 11-7 所示。

表 11-7 沸腾炉冷却器的主要技术性能

项 目	数 值
热交换面积	3.2 m^2
焙砂处理量	约 11 t/h
焙砂入口温度	(930 ± 30) ℃
焙砂出口温度	<500℃
冷却水用量	约 23 t/h
冷却水最高出水温度	<55℃
流态空气量	100 m^3/h
流态空气压力	98 kPa

沸腾炉冷却器可加强壳体焊缝的保护;本设计采用风帽结构风箱的形式,取消了底部的抽板闸门,避免了底部结料、打不开闸门的问题。

(4) 最佳沸腾速度的选择。通常,锌精矿的粒度分布为 0 ~ 0.6 mm,平均粒径为 0.2 mm 左右。气流速度有冷态值和热态值之分,实践证明,在同样的料层厚度和良好的沸腾状态下,冷态值要求比热态值高,两者的最小风量大约相差 60% ~ 80%。因此,根据沸腾炉实现稳定沸腾状态的诸多因素,应视炉床面积以选择临界风速 0.5 ~ 1.2 m/s 为宜,炉床面积较大,取值相对偏高。本设计选择临界风速为 0.56 m/s。

12 熔炼设备设计

用于矿石熔炼的设备很多,统称炉子。重有色金属冶炼所用的炉子有瓦纽柯夫炉、闪速炉、反射炉、转炉(如卡尔多炉)、顶吹炉、底吹炉等;钢铁冶炼所用的炉子有高炉、转炉、顶吹炉等;稀有金属冶炼所用的炉子有真空炉、电子束炉、感应电炉、电弧炉等。熔炼炉设计不能一概而论,在此以闪速炉、高炉本体和转炉设计为例,说明熔炼炉的设计。

12.1 概述

12.1.1 铜熔炼炉

典型的铜熔炼炉简述如下:

(1) 鼓风炉。鼓风炉炼铜最早是采用敞开式鼓风炉,利用铜矿自上而下、炉缸燃烧后的高温气流自下而上进行热交换与化学反应。冶炼烟气进入大气,污染环境。

密闭鼓风炉熔炼是在对原来的敞开式鼓风炉进行改造后发展起来的,主要优点是:操作流程简化,投资省,建设快;烟气中 SO_2浓度可以满足制酸要求,基本上解决了敞开式鼓风炉熔炼烟气不能制酸而污染环境的问题。但密闭鼓风炉炉床生产能力较低,铜的富集比和脱硫率均较低,对炉料的块料率也有一定的要求。当采用富氧鼓风强化熔炼后,可使炉床生产能力和脱硫率提高、焦率下降,同时也可使烟气中 SO_2浓度相应提高。密闭鼓风炉由于炉料与炉气呈逆向运动,从而热效率比较高(可达70%以上),通过改进烟气中 SO_2浓度可达5%以上,能满足制酸要求,既有利于综合利用又有利于环境保护。

鼓风炉炼铜的缺点是未能充分利用铜精矿的比表面能,烟气难以制酸。而现代铜熔炼的共同特点是提高铜锍品位,加大过程的热强度,增加炉子的单位熔炼能力。具有这些特点的炉子可分为两大类:一类是闪速熔炼,另一类是熔池熔炼。后者是让铜精矿颗粒在强烈搅动着的三相流体熔池中发生强烈氧化反应,从而实现熔炼目的。这两类方法都有效地解决了传统熔炼工艺能耗高、污染严重等问题。在目前和今后一段较长的时间内,它们仍将是世界铜冶金的主流技术。

(2) 闪速炉。闪速熔炼是现代火法炼铜的主要方法,铜精矿闪速熔炼的工艺流程如图12-1所示。它克服了传统方法未能充分利用粉状精矿的巨大表面积、将焙烧和熔炼分阶段进行的缺点;大大减少了能源消耗,提高了硫利用率,改善了环境。闪速熔炼是将经过深度脱水(含水率小于0.3%)的粉状精矿,在喷嘴中与空气或氧气混合后,以较高速度(60 ~ 70 m/s)从反应塔顶部喷入高温(1450 ~ 1550℃)的反应塔内。精矿颗粒被气体包围,处于悬浮状态,在2 ~ 3 s内就基本上完成了硫化物的分解、氧化和熔化等过程。熔融硫化物和氧化物的混合熔体落下,到反应塔底部的沉淀池中汇集起来,形成铜锍和炉渣并进行沉清分离。反应的产物冰铜进入转炉进行进一步熔炼得到粗铜,粗铜在阳极炉被再次熔炼以后,通过圆盘浇注机浇注成阳极板,制成阳极铜,以供电解精炼;在闪速炉中得到的炉渣和转炉中的炉渣被冷却以后,经过研磨、浮选,得到的精矿可再次与原料一起入炉冶炼,而矿渣被除去;闪速炉与转炉炉气经过电收尘,进入制酸车间制酸。闪速熔炼的重大变化是在炉型方面,做闪速炉的课程设计能够及时了解最新的研究动向。

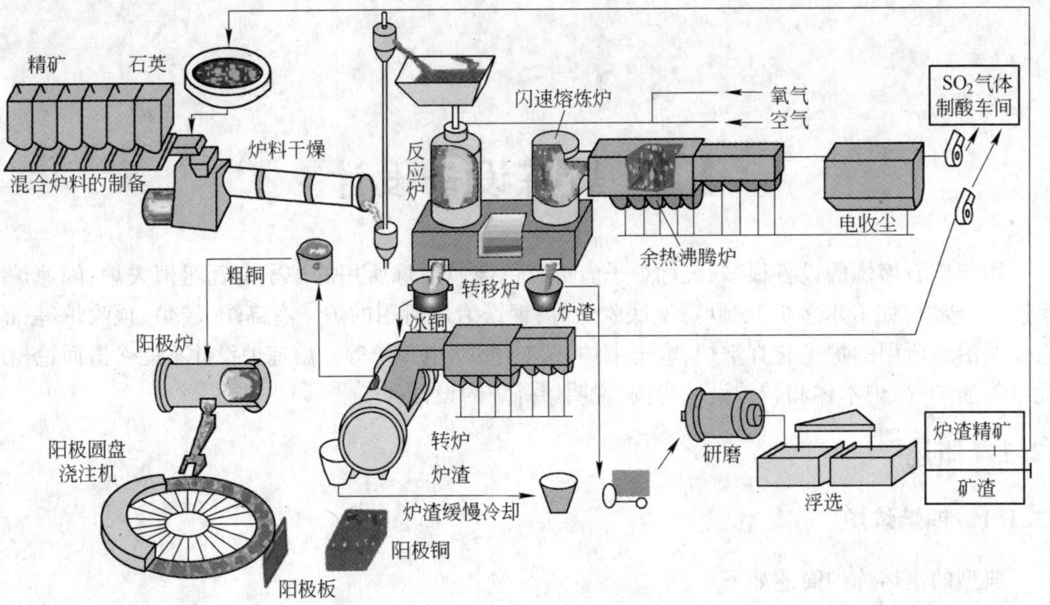

图 12-1　铜精矿闪速熔炼的工艺流程

1) 炉料的干燥。铜冶炼厂进厂铜精矿的含水率一般为 8% ~15%。冶炼前的配料作业、冶炼过程及冶炼烟气制酸都对精矿含水率有一定要求。在配料过程中,若含水高,精矿易黏结,会影响配料精度。因此,配料前的精矿含水率一般控制在 10% 以下,必要时可增加预干燥设备。

在闪速熔炼过程中,反应速度很快,精矿在反应塔只停留 1 s 左右,要求精矿含水率为 0.1% ~0.3%。进入反应塔后,在塔内高温作用下,精矿中的水分会在精矿颗粒表面形成一层汽膜,既影响热量传递,又会阻碍氧气与精矿颗粒的接触,使之尚未反应完全就落入沉淀池内形成生料堆积,导致炉况恶化。因此,必须对配好的精矿进行干燥,使精矿含水率满足闪速炉熔炼的要求。

铜精矿的干燥方式有多种,如回转窑干燥法、气流干燥法、旋转干燥法、喷射干燥法、蒸汽干燥法。其中常用的是气流干燥法,最新的方法是蒸汽干燥法。

2) 闪速炉的炉型。闪速熔炼炉有两种基本的炉型:一种是因科闪速炉(如图 12-2 所示),另一种是奥托昆普闪速炉。奥托昆普型闪速炉在 50 多年的发展历程中,根据生产实践中出现的各种问题做了不断地改进,重大的变化是在炉型方面。针对熔炼过程中沉淀池内容易生成 Fe_3O_4 炉结、渣含 Cu 高的问题,日本玉野冶炼厂在沉淀池内加了三根电极(如图 12-3 所示),以电能辅助加热,减轻了炉结,降低了渣铜含量;此后该厂又通过添加焦粉,取消了沉淀池内电极的运行。而澳大利亚卡尔古利冶炼厂则做了另外的改进,避免了沉淀池内电极严重氧化烧损的困难,把每组呈三角形排列的两组六根电极插入沉淀池的延伸部分——贫化区(如图 12-4 所示)。

奥托昆普型闪速炉由反应塔、沉淀池和上升烟道三部分组成。反应塔呈圆筒形;沉淀池是由铬镁砖砌成的矩形池子,用于暂存铜锍及熔炼渣,以使铜锍沉清分离;上升烟道是烟气导入余热锅炉的通道。闪速炉本体主要由钢结构元件、耐火材料内衬和水冷元件构成。根据反应塔、沉淀池和上升烟道的功能不同,各部分的钢结构、耐火材料和水冷元件各有特点。

(3) 熔池炉。熔池熔炼包括诺兰达法、奥斯麦特/艾萨法、三菱法、瓦纽柯夫法、特尼恩特法、卡尔多法、白银法、水口山法和旋涡顶吹法等。

瓦纽柯夫炼铜法是 50 年代由苏联莫斯科钢铁与合金研究院 A.V. 瓦纽柯夫教授发明的,属于熔池熔炼技术。目前,世界范围内建立了很多台瓦纽柯夫炉,取代了原来的反射炉进行熔炼,其日处理量炉料2200 t,炉内装液体铜锍和炉渣,铜锍层厚约1 m,渣层厚1~1.5 m。炉料(铜精矿、熔剂、返料和少量煤焦)连续从炉顶2~3个加料口加到熔池面上,通过炉子两侧风口往渣层送入含氧26.0%~85.0%的富氧空气,风口高度在渣层顶面之下0.05 m,风口以上渣层由于鼓入富氧空气的强烈搅拌而产生泡沫层,使加入的炉料熔化并发生强烈的氧化和造渣反应,生成铜锍和炉渣。其反应热基本能满足自热熔炼的要求。

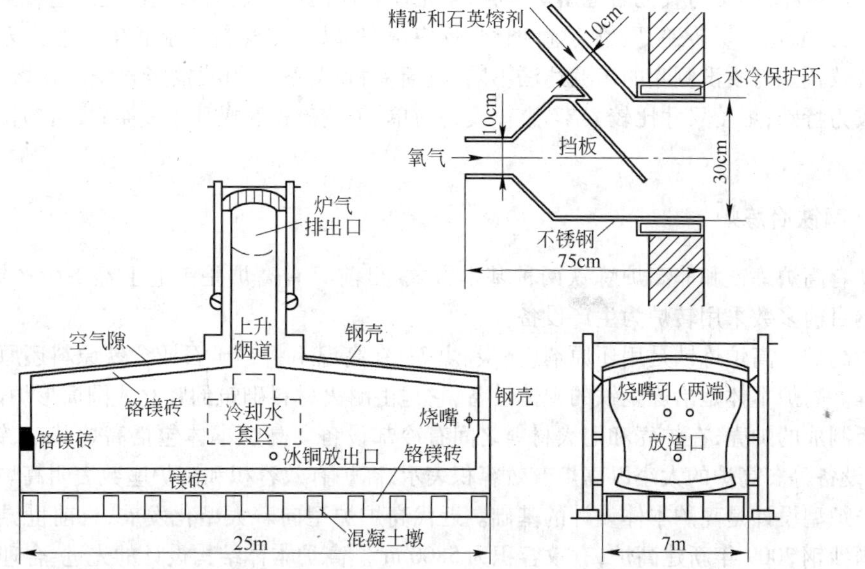

图12-2　加拿大国际镍公司工业氧气闪速炉(因科闪速炉)炉型

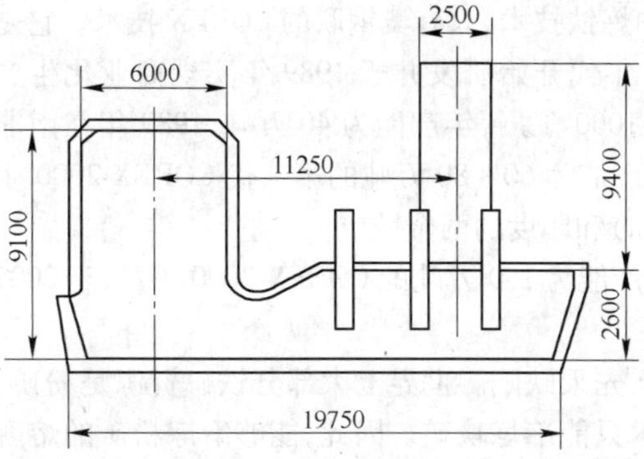

图12-3　日本玉野冶炼厂闪速炉炉型(单位:mm)

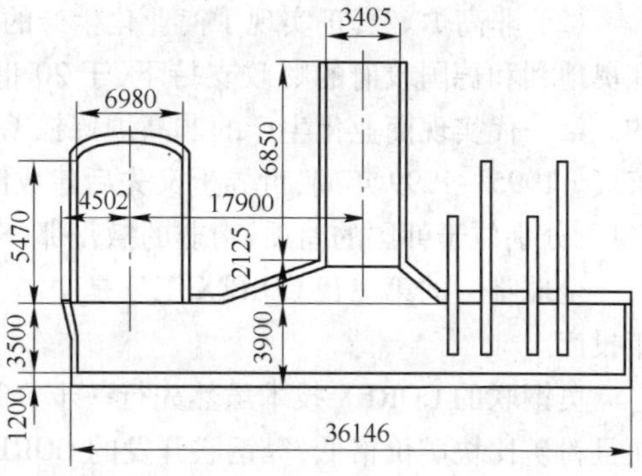

图12-4　澳大利亚卡尔古利与金川冶炼厂闪速炉炉型(单位:mm)

瓦纽柯夫炉的主体是熔炼室,熔炼室的一端是铜锍虹吸池,另一端是渣虹吸池。炉缸用镁铬砖砌筑,其上部均为水套,熔池总深度为2~2.5 m,侧墙上有上、下两排风口,冶炼用的富氧空气通过风口鼓入熔池,使熔池处于强烈搅拌状态。通过炉顶料管加入的炉料直接落入强烈搅拌的熔池并被卷入熔体,与吹入的氧快速反应而被迅速熔化,生成的铜锍和炉渣分别从两端的虹吸池放出,铜锍送转炉吹炼粗铜,炉渣流到贮渣炉。在贮渣炉内,渣中的铜锍颗粒进一步从渣中沉淀下来,定期放出送转炉吹炼,弃渣间断地放入渣罐送到渣场。冶炼烟气通过熔炼室后上方的上升烟道进入余热锅炉,经降温回收余热后送烟气除尘系统,净化后的烟气送硫酸厂制酸或回收单体硫。瓦纽柯夫炉采用的是深熔池熔炼，富氧空气吹入铜锍层使熔体温度很高（约1300℃左右），水套不易挂渣保护而易被腐蚀，有漏水的危险；但富氧空气吹入渣层有利于水套挂渣，可以减少热损失而且安全。瓦纽柯夫渣层面很高，约1800 mm，由上、下两排风口鼓风，形成很高的多相熔体湍流层，加入的炉料在湍流层内快速反应，迅速熔化生成铜锍小颗粒并逐渐长大，向下沉淀进入铜锍层，鼓入的高富氧空气中氧的利用率可达98% ~99%。

奥斯麦特/艾萨法与其他熔池熔炼一样，都是使熔池内熔体、炉料、气体之间造成强烈地搅拌与混合，大大强化热量传递、质量传递和化学反应速率，以求在燃料需求和生产能力方面具有较高的经济效益。与浸没侧吹的诺兰达法不同，奥斯麦特/艾萨法的喷枪竖直浸没在熔渣层内，喷枪结构较为特殊；炉子尺寸比较紧凑，整体设备简单；工艺流程和操作不复杂；投资与操作费用相对较低。

12.1.2　钢铁冶炼炉

炼铁有高炉炼铁和非高炉炼铁两种基本方式，目前只有高炉是工业上经济生产铁的设备。铁水炼钢目前多数采用转炉为生产设备。

（1）高炉。高炉炼铁是用还原剂（焦炭、煤等）在高温下将铁矿石或含铁原料还原成液态生铁的过程。高炉本体是冶炼生铁的主体设备，它是由耐火材料砌筑的竖立式圆筒形炉体，最外层是由钢板制成的炉壳，在炉壳和耐火材料之间有冷却设备。高炉本体包括高炉基础、钢结构、炉衬、冷却设备等。高炉的大小以高炉有效容积表示，高炉有效容积和高炉座数表明高炉车间的规模。高炉炉型设计是高炉本体设计的基础。近代高炉炉型向着大型化发展，目前世界上最大高炉是我国沙钢2009年新建高炉，有效容积为5800 m^3。高炉本体结构设计的先进、合理是实现优质、低耗、高产、长寿的先决条件，也是高炉辅助系统设计和选型的依据。本课程设计所介绍的就是进行高炉的设计计算。

（2）非高炉。真正实现了商业化生产的非高炉炼铁技术，只有奥钢联的COREX技术。它是在奥地利和德国政府的财政支持下，于20世纪70年代开始研发并于1989年实现商业化生产的。第一代实现商业化生产的非高炉炼铁COREX-1000工厂，年产能为40万吨，1989年在南非落成。1995 ~1999年间，世界上又先后建成四座年产能为60 ~80万吨的第二代COREX-2000生产厂，分别位于韩国的浦项、南非的撒丹那（Saldanha）和印度的两个城市。

全球唯一的第三代COREX工厂是中国宝钢年产能为150万吨的COREX-3000工厂，于2007年投产。

奥钢联的COREX技术虽然先行一步，却也存在先天缺陷。世界上大部分铁矿资源是粉矿，而且粉矿比块矿价格低，奥钢联开发的COREX技术只能冶炼块矿。因此，能够冶炼粉矿的熔融还原技术随即应运而生，韩国浦项制铁研发的FINEX技术和力拓矿业的HIsmelt技术就是在这样的背景下诞生的。澳大利亚力拓矿业集团亚洲及中国区总裁路久成介绍，力拓矿业集团从20世纪80年代初开始研发HIsmelt技术，历经20余年，累计投资已超过10亿美元，现在实验性的HIsmelt工厂进展程度已达到试营产量的80%。

（3）炼钢转炉。顶底复吹转炉是继氧气顶吹转炉和底吹转炉之后出现的一种新型转炉炼钢设备。顶底复吹兼有顶吹易于控制成渣过程和底吹可以增大熔池搅拌强度的优点，是节能降耗、扩大品种、提高产品质量的有效途径；特别是对于容量较大的转炉，更具有优越性。

转炉由炉帽、炉身和炉底三部分组成。目前常用的炉帽是一上小下大的正口形截圆锥体。炉帽以下、熔池面以上的炉身部分为圆筒形。熔池面以下的炉底部分，其形状视熔池形状而定，根据修炉方式的不同，有死炉底与活炉底之分，前者适用于上修，后者适用于下修。

所谓转炉炉型,实际上是指由上述三部分组成的炉衬内部空间或炉膛的几何形状。由于炉帽和炉身的形状并无变化,所以通常就按熔池形状划分归类。按熔池形状来分,常见的转炉炉型有筒球形、锥球形和截锥形三种。

复吹转炉炉型的基本特征为:就吹炼的平稳和喷溅程度而言,它优于顶吹转炉而不及底吹转炉,故炉子的高宽比略小于顶吹转炉却大于底吹转炉,略呈矮胖型;炉底一般做成平底以便设置喷口,所以熔池常为截锥形;熔池深度主要取决于底部喷口直径和供气压力,喷口直径或供气压力大者,深度应适当增加;同时,也兼顾了顶吹氧流的穿透深度,力求保持吹炼平稳。

12.2 熔炼炉的设计

12.2.1 闪速炉设计计算

试设计计算一年处理10万吨硫化铜精矿冰铜的闪速炉。

已知条件:

铜精矿成分为Cu 12.33%、Fe 29.58%、S 34.45%、SiO_2 11.52%、MgO + CaO 1.15%,其他成分占10.97%,精矿含水0.3%;冰铜品位为45%;炉渣成分为Cu 0.9%、Fe 35%、S 1.5%、SiO_2 31%、MgO + CaO 4.27%;石英含SiO_2 90%,石灰石含CaO 56%;沉淀池漏风率为5%,上升烟道漏风率为2%;反应塔消耗燃料40%,沉淀池消耗燃料60%;预热空气温度为450℃;烟尘率为10%。

(1) 物料平衡计算。根据已知条件,考虑到每次检修闪速炉的时间较长,取年工作日为286 d进行物料平衡计算,得出日物料平衡表12-1。

表12-1 闪速熔炼的日物料平衡表

装入		产出	
项目	t/d	项目	t/d
精矿(湿)	351.10	冰铜	92.40
石英石	33.53	炉渣	225.13
石灰	7.35	烟尘	43.30
返尘	43.40	烟气	732.14
空气(湿)	640.23	损失	0.14
重油	17.50		
合计	1093.11	合计	1093.11

根据日物料平衡表,每吨干精矿消耗空气量 = 640.23 × 1000 ÷ 350 ÷ 1.29 = 1418 m^3。

取烟气的密度为1.463 kg/m^3,则每吨干精矿产生的烟气量 = 640.23 × 1000 ÷ 350 ÷ 1.463 = 1430 m^3。

根据工厂实践,假定燃料率为处理精矿量的5%;反应塔内每吨精矿耗油20 kg,沉淀池每吨精矿耗油30 kg,每日耗油17500 kg;每千克油与空气反应需要的理论空气量为$L_0 = 10.5\ m^3$,实际值为$L_n = 11.03\ m^3$,则:

沉淀池燃烧需要空气(湿)量 = 30 × 11.03 = 330.9 m^3,

沉淀池漏风量 = (1430 + 330.9) × 5% = 71.5 m^3。

计算得出熔炼每吨干精矿需要的空气量和烟气量,见表12-2。

表 12-2　熔炼每吨干精矿需要的空气量和烟气量(m^3/t)

项　目	反 应 塔	沉 淀 池	上升烟道
空气量	1418	423	39.4
烟气量	1430	1853	1893

(2) 反应塔主要尺寸计算。反应塔位于沉淀池上方,熔炼过程中主要化学反应在反应塔内进行。塔上部温度为900～1200℃,下部可达1350～1500℃,由于高温炉料的冲刷和化学腐蚀等原因,要求塔壁衬里具有良好的耐高温和抗腐蚀性能。因此,通常选用优质耐火材料砌筑,同时还需采取强制冷却和支撑加固等措施。

反应塔单位生产率一般由生产实践确定,也可按式(12-1)计算:

$$a_F = \frac{T_i \cdot \omega_{塔} \cdot \eta}{V_{烟}(1 + t_{塔}/273)} = \frac{86400 \times 3.0 \times 0.95}{1430 \times (1 + 1300/273)} = 29.8\ t/(m^2 \cdot d) \tag{12-1}$$

式中　a_F——反应塔单位生产率,$t/(m^2 \cdot d)$;

T_i——时间换算系数,取86400 s/d;

$\omega_{塔}$——烟气通过反应塔的平均速度(工况),m/s,一般为2.5～3.8 m/s;

$V_{烟}$——熔炼每吨精矿产生的烟气量,m^3/t,由冶金计算获得(根据铜精矿成分计算);

$t_{塔}$——反应塔内平均温度,℃;

η——作业率,一般取0.95～0.98。

1) 直径。

$$d_{塔内} = 1.13\sqrt{\frac{A}{a_F}} = 1.13\sqrt{\frac{350}{29.8}} = 3.87\ m \tag{12-2}$$

式中　$d_{塔内}$——反应塔内直径,m;

A——每日处理精矿量,按每年处理10万吨、日处理350 t、全年有286个工作日计算。

根据计算,取反应塔的直径为4 m。

2) 高度。反应塔的高度通常指塔顶至沉淀池液面的距离,主要取决于烟气在反应塔停留的时间和通过反应塔的速度,与容积热强度也有关系,可按式(12-3)计算:

$$H_{塔} = \tau\omega_{塔} = 2.8 \times 3.0 = 8.4\ m \tag{12-3}$$

式中　$H_{塔}$——反应塔高度,m;

τ——烟气从反应塔至沉淀池液面的停留时间,一般取2.5～3.5 s。

(3) 沉淀池主要尺寸计算。

1) 高度。净空高度按式(12-4)计算:

$$h_{静} = \frac{B_{上} - \sqrt{B_{上}^2 - 4\tan\alpha \cdot F_{梯}}}{2\tan\alpha} + h_{上弓} \tag{12-4}$$

$$h_{上弓} = R\left(1 - \cos\frac{\theta}{2}\right)$$

$$F_{静} = \frac{V_{池}(1 + t_{池}/273)}{\omega_{池}}$$

式中　$h_{静}$——净空高度,m;

$B_{上}$——沉淀池上部宽度,m;

$F_{梯}$——沉淀池上部净空梯形截面积,m^2;

$h_{上弓}$——沉淀池上部弓形高度,m;

$F_{静}$——沉淀池空间截面积，m^2；

$V_{池}$——通过沉降池的烟气量，m^3/s；

$t_{池}$——沉淀池烟气温度，℃；

$\omega_{池}$——烟气通过沉淀池的速度（工况），一般为 5～9 m/s；

α——炉墙倾角，通常为 9°～12°；

R——沉淀池拱顶曲率半径，通常比 $B_{上}$ 大 0.9～1.25 m；

θ——拱中心角，大型炉取偏小值，小型炉取偏大值，通常为 44°～56°。

取上拱中心角 $\theta=50°$，则沉淀池上部宽度为：

$$B_{上}=d_{塔内}+2b=4+2\times0.6=5.2\ \text{m}$$

式中　b——反应塔内壁至沉淀池内壁的距离，取 0.6 m。

取 $R=6.15$ m，则：

$$h_{上弓}=0.093692\times6.15=0.576\ \text{m}$$

$$F_{梯}=F_{静}-F_{上弓}=\frac{V_{池}(1+t_{池}/273)}{\omega_{池}}-\frac{R^2}{2}\left(\frac{\pi\theta}{180}-\sin\theta\right) \quad (12\text{-}5)$$

$$=\frac{7.50\times(1+1350/273)}{6.0}-\frac{6.15^2}{2}\left(\frac{3.14\times50°}{180}-\sin50°\right)$$

$$=5.40\ \text{m}^2$$

式中　$F_{上弓}$——沉淀池上部弓形截面积，m^2。

则净空高度为：　$h_{静}=\dfrac{5.2-\sqrt{5.2^2-4\tan10°\times5.4}}{2\tan10°}+0.576=1.66\ \text{m}$

2）熔池深度。为使熔体保持足够的温度，并有利于铜锍和炉渣的沉淀分离，一般熔池深度（$h_{熔}$）为 0.8～1.5 m。当铜锍的品位低、产量大时取较高值，反之取较低值。本设计取熔池深度为 0.8 m。

3）宽度。

渣线宽度：

$$B_{渣}=B_{上}-2\tan\alpha(h_{静}-h_{上弓}) \quad (12\text{-}6)$$

$$=5.2-2\times0.176\times(1.66-0.576)=4.82\ \text{m}$$

下部宽度：

$$B_{下}=B_{渣}-2\tan\alpha(h_{溶}-h_{下弓}) \quad (12\text{-}7)$$

$$=4.82-2\times0.176\times(0.8-0.2)=4.60\ \text{m}$$

4）长度。取反拱中心角为 20°，反拱半径为 14.5 m，可计算出沉淀池下部弓形截面积 $F_{下弓}=0.602\ \text{m}^2$，则沉淀池熔体梯形横截面面积为：

$$F_{熔}=F_{熔梯}+F_{下弓} \quad (12\text{-}8)$$

$$=\frac{4.82+4.60}{2}\times(0.8-0.2)+0.602=3.42\ \text{m}^2$$

渣线长度为：

$$L_{渣}=\frac{\tau_{分}\left(\dfrac{G_{锍}}{\gamma_{锍}}+\dfrac{G_{渣}}{\gamma_{渣}}\right)}{F_{熔}} \quad (12\text{-}9)$$

式中　$\tau_{分}$——冰铜与炉渣分离时间，通常 8～15 h，在此取 14.5 h；

$G_{锍}$，$G_{渣}$——分别为单位时间内产出的冰铜和炉渣的量，t/h；

$\gamma_{锍}$，$\gamma_{渣}$——分别为冰铜和炉渣的密度，t/m^3；

$F_{熔}$——沉淀池熔体梯形横截面面积，m^2。

代入数据得：
$$L_{渣}=\frac{14.5\times\left(\frac{3.93}{4.9}+\frac{9.6}{3.5}\right)}{3.42}=15.03\ \mathrm{m}$$

上部长度为：
$$L_{上}=L_{渣}+2\tan\alpha(h_{静}-h_{上弓}) \tag{12-10}$$
$$=15.03+2\times0.176(1.66-0.576)=15.44\ \mathrm{m}$$

下部长度为：
$$L_{下}=L_{渣}-2\mathrm{tg}\alpha(h_{熔}-h_{下弓}) \tag{12-11}$$
$$=15.03-2\times0.176\times(0.8-0.2)=14.82\ \mathrm{m}$$

（4）上升烟道尺寸计算。

1）入口断面积。
$$F_{入\min}=\frac{V_{池}(1+t/273)}{\omega} \tag{12-12}$$
$$=\frac{7.5\times(1+1340/273)}{6.5}=6.82\ \mathrm{m}^2$$

式中　$F_{入\min}$——上升烟道入口最小断面面积，m^2；

$V_{池}$——通过沉淀池的烟气量，m^3/s，由表 12-2 可以算出 $V_{池}=1853\times350\div24\div3600=7.5\ \mathrm{m}^3/\mathrm{s}$；

ω——上升烟道入口或出口烟气流速（工况），一般为 6 ~ 10 m/s。

考虑结瘤，取上升烟道沉淀池处高 2.0 m、宽 5.2 m，则入口断面积为：$F_{入}=5.2\times2=10.4\ \mathrm{m}^2$。

2）出口断面积。
$$F_{出\min}=\frac{V_{上升}(1+t/273)}{\omega}=\frac{7.66\times(1+1340/273)}{6.5}=6.96\ \mathrm{m}^2 \tag{12-13}$$

式中　$F_{出\min}$——上升烟道出口最小断面面积，m^2；

$V_{上升}$——上升烟道出口的烟气量，m^3/s，由表 12-2 可以算出 $V_{上升}=1893\times350\div24\div3600=7.66\ \mathrm{m}^3/\mathrm{s}$。

考虑结瘤，取上升烟道出口高 4 m、宽 2 m，则出口断面积为：$F_{出}=2\times4=8\ \mathrm{m}^2$。

3）上升烟道总高度。根据余热锅炉入口的位置，确定上升烟道总高度为 7.5 m。

（5）精矿喷嘴的选择及尺寸计算。本设计选用一段收缩式喷嘴一个，各断面直径计算如下：

1）下料管断面直径。
$$d_{料内}=\sqrt{1.27\,\frac{V_{矿}}{\omega_{矿}}} \tag{12-14}$$
$$=\sqrt{1.27\times\frac{4.14}{0.2}}=0.115\ \mathrm{m}$$

式中　$d_{料内}$——下料管断面直径，m；

$V_{矿}$——精矿名义流量，本设计 $V_{矿}=350\div23.5\div3600\div2=4.14\ \mathrm{m}^3/\mathrm{s}$；

$\omega_{矿}$——精矿名义流速，m/s，通常 0.1 ~ 0.3 m/s。

2）收缩段入口直径。
$$d_{收}=1.13\sqrt{\frac{V_{空}(1+t/273)}{\omega_{收}}+0.785\times d_{料}^2} \tag{12-15}$$
$$=1.13\sqrt{\frac{5.78\times(1+450/273)}{100}+0.785\times(0.115+0.12)^2}=0.996\ \mathrm{m}$$

式中 $d_{收}$——收缩段入口直径,m;

$V_{空}$——一个喷嘴鼓入空气量,由表 12-2 可以算出 $V_{空} = 1418 \times 350 \div 24 \div 3600 = 5.78\ m^3/s$;

$\omega_{收}$——收缩段流速,m/s,取 20 m/s;

t——鼓入空气温度,℃,取 450℃;

$d_{料}$——下料管直径,m,$d_{料} = d_{料内} + 0.012$。

3）最窄部断面直径。

$$d_{窄} = 1.13\sqrt{\frac{V_{窄}(1 + t/273)}{\omega_{窄}} + 0.785 \times d_{窄}^2} \tag{12-16}$$

$$= 1.13\sqrt{\frac{5.78 \times (1 + 450/273)}{100} + 0.785 \times (0.115 + 0.12)^2} = 0.46\ m$$

式中 $d_{窄}$——最窄部直径,m,$d_{窄} = d_{料内} + 0.12$;

$V_{窄}$——最窄部喷嘴鼓入空气量,由表 12-2 可以算出 $V_{窄} = 1418 \times 350 \div 24 \div 3600 = 5.78\ m^3/s$;

$\omega_{窄}$——最窄部流速,m/s,取 100 m/s。

4）喷嘴出口断面直径。

$$d_{喷} = 1.13\sqrt{\frac{V_{喷}(1 + t/273)}{\omega_{喷}}} \tag{12-17}$$

$$= 1.13\sqrt{\frac{5.78 \times (1 + 450/273)}{45}} = 0.66\ m$$

式中 $d_{喷}$——喷嘴出口断面直径,m;

$V_{喷}$——喷嘴出口鼓入空气量,由表 12-2 可以算出 $V_{喷} = 1418 \times 350 \div 24 \div 3600 = 5.78\ m^3/s$;

$\omega_{喷}$——喷嘴出口流速,m/s,取 45 m/s。

各段高度计算如下:

热风箱段高度,取 0.8 m。

收缩段高度,根据热风入口面积、最窄部面积,选择阻力最小的收缩角(一般为 10° ~ 25°,本设计选择 25°)进行计算。

$$H_{收} = \frac{d_{收} - d_{窄}}{2\tan 25°} \tag{12-18}$$

$$= \frac{0.996 - 0.46}{2\tan 25°} = 0.57\ m$$

扩张段高度,根据最窄部断面积、扩张口(喷嘴出口)断面积及选定的扩张角(例如扩张角为 10°),按式(12-19)进行计算。

$$H_{扩} = \frac{d_{喷} - d_{窄}}{2\tan 10°} = \frac{0.66 - 0.46}{2\tan 10°} = 0.56\ m \tag{12-19}$$

此外,精矿喷嘴内设置直径为 25.4 mm 的喷油管,其油压为 0.5 MPa。

12.2.2 高炉本体设计计算

高炉是竖炉,高炉内部工作空间剖面的形状称为高炉炉型。高炉炉型要适应原燃料条件的要求,保证冶炼过程的顺行。炉型演变过程大体可分为 3 个阶段:无型阶段、大腰阶段和近代高炉阶段。高炉炉型合理与否对高炉冶炼过程有很大影响。炉型设计合理是获得良好技术经济指标、保证高炉操作顺行的基础。下面以五段式高炉炉型本体设计计算为例进行说明。

要设计的是年产炼钢生铁 233 万吨的高炉车间。高炉的寿命为 15 年,有一次 60 d 的检修,每年有一次小修,每次需 2 d,则高炉年工作日为:$(365\times15-60-1\times2\times15)\div15=359$ d。

日产量:
$$P_{总}=\frac{总产量}{年工作日}=\frac{233\times10000}{359}=6490.3\ \text{t} \tag{12-20}$$

(1) 高炉有效容积和有效高度。高炉大钟下降位置的下缘到铁口中心线间的距离,称为高炉有效高度(H_u)。对于无钟炉顶,高炉有效高度为旋转溜槽最低位置的下缘到铁口中心线之间的距离。在有效高度范围内,炉型所包括的容积称为高炉有效容积(V_u)。我国曾对炉容做过系列设计,并习惯性规定:$V_u\leqslant100$ m^3 为小型高炉,$V_u=255\sim620$ m^3 为中型高炉,$V_u>620$ m^3 为大型高炉(现在把小于 1000 m^3 的高炉统称为小型高炉)。把高炉分为大、中、小型是因为在设计炉型时,每种类型的高炉对于某些参数的选取有共同之处。近代 $V_u>4000$ m^3 的高炉称为巨型高炉,其设计参数的选取与一般大型高炉也有差别。

高炉的有效高度,对高炉内煤气与炉料之间传热、传质过程有很大影响。在相同炉容和冶炼强度条件下,增大有效高度,炉料与煤气流接触机会增多,有利于改善传热、传质过程,降低燃料消耗;但过分增加有效高度,料柱对煤气的阻力增大,容易形成料拱,对炉料下降不利,甚至破坏高炉顺行。

有效高度与炉腰直径的比值(H_u/D)是表示高炉"矮胖"或"细长"的一个重要设计指标,不同炉型的高炉其比值的范围见表 12-3。

表 12-3　高炉的有效高度与炉腰直径的比值

巨型高炉	大型高炉	中型高炉	小型高炉
约 2.0	2.5~3.1	2.9~3.5	3.7~4.5

随着高炉有效容积的增加,H_u/D 的值在逐渐降低。

本设计采用两座高炉,每座高炉日产量为:
$$P=P_{总}/2=\frac{6490.3}{2}=3245.2\ \text{t} \tag{12-21}$$

本设计的焦比(K)为 335.92 kg,煤比(K')为 160 kg,煤粉置换比为 0.75,所以综合焦比为:
$$K_{综}=K+K'\times0.7=335.92+160\times0.75=455.92\ \text{kg}$$

高炉有效容积利用系数为:
$$\eta_V=I/K_{综}\times1000=1.14/455.92\times1000=2.5\ \text{t}/(\text{m}^3\cdot\text{d})$$

式中　I——冶炼强度,t/(m^3·d),一般为 1.05~1.25 t/(m^3·d),在此取 1.14 t/(m^3·d)。

每座高炉炉容为:
$$V'_u=P/\eta_V=\frac{3245.2}{2.5}=1298.1\ \text{m}^3 \tag{12-22}$$

(2) 炉缸。高炉炉型下部的圆筒部分为炉缸,炉缸的上、中、下部位分别设有风口、渣口与铁口,现代大型高炉大多不设渣口。炉缸下部容积盛装液态渣铁,上部空间为风口的燃烧带。

1) 炉缸直径。炉缸直径过大和过小都直接影响高炉生产。直径过大将导致炉腹角过大、边缘气流过分发展、中心气流不活跃,从而引起炉缸堆积,同时加速对炉衬的侵蚀;炉缸直径过小将限制焦炭的燃烧,影响产量的提高。炉缸截面面积应保证一定数量的焦炭和喷吹燃料的燃烧，炉缸截面燃烧强度是高炉冶炼的一个重要指标，它是指每小时每平方米炉缸截面面积所燃烧的焦炭数量，一般为 1.00～1.25 t/(m² · h)。炉缸截面燃烧强度的选择应与风机能力和条件相适应，风机能力大、原料透气性好、燃料可燃性好，则炉缸截面燃烧强度可选高值，否则选低值。

根据高炉每天燃烧的焦炭量，得到下列关系式：

$$\frac{\pi}{4}d^2 i_{燃} \times 24 = IV_u \tag{12-23}$$

得出：

$$d = 0.23\sqrt{\frac{IV_u}{i_{燃}}} \tag{12-24}$$

式中 d——高炉炉缸直径，m；

$i_{燃}$——燃烧强度，t/(m² · h)；

I——冶炼强度，t/(m³ · d)；

V_u——高炉有效容积，m³。

计算得到的炉缸直径应该再用 V_u/A 进行校核，A 为炉缸截面积(m²)，不同炉容的 V_u/A 值见表 12-4。

表 12-4 不同炉容的 V_u/A 值 (m)

炉 型	大 型	中 型	小 型
V_u/A	22～28	15～22	10～13

本设计选定冶炼强度 $I = 1.14$ t/(m³ · d)，燃烧强度 $i_{燃} = 1.1$ t/(m³ · h)，则：

$$d = 0.23 \times \sqrt{\frac{1.14 \times 1298.1}{1.1}} = 8.435287606 \text{ m} \approx 8.4 \text{ m}$$

校核：

$$\frac{V_u}{A} = \frac{1298.1}{\frac{\pi}{4} \times 8.4^2} = 23.44 \text{ m}$$

在此设计的是大型高炉，计算得到的 V_u/A 值在表 12-4 所示的大型高炉数值范围内，因此计算合格。

2）炉缸高度。炉缸高度(h_1)的确定，包括渣口高度、风口高度以及风口结构尺寸的确定。

铁口位于炉缸下水平面，铁口数目根据高炉炉容或高炉产量而定，一般 1000 m³ 以下的高炉设一个铁口，1500～3000 m³ 的高炉设 2～3 个铁口，3000 m³ 以上的高炉设 3～4 个铁口；还可以按每个铁口的日出铁量(1500～3000 t)设置铁口数目。原则上出铁口数目取上限，有利于强化高炉冶炼。本设计设 2 个出铁口。

渣口中心线与铁口中心线间的距离，称为渣口高度(h_z)，它取决于原料条件，即渣量的大小。渣口过高，下渣量增加，对铁口的维护不利；渣口过低，易出现渣中带铁事故，从而损坏渣口。大、中型高炉渣口高度多为 1.5～1.7 m。

渣口高度的确定，还可以参照式(12-25)计算：

$$h_z = h_{铁}\frac{b}{c} \tag{12-25}$$

根据 $P = h_{铁} A \rho_{铁} N$、$A = \frac{\pi}{4}d^2$，得出：

$$h_z = \frac{4bP}{\pi N c \rho_{铁} d^2} \tag{12-26}$$

式中 $h_{铁}$——两次出铁之间铁水面的最大高度，m；

b——生铁产量波动系数，一般取 1.2；

P——日产生铁量，t；

N——昼夜出铁次数，一般 2 h 出一次铁；

c——渣口以下炉缸炉容利用系数，一般取 0.55 ~ 0.60，炉容大、渣量大时取低值；

$\rho_{铁}$——铁水密度，取 7.1 t/m^3；

A——炉缸截面面积，m^3；

d——炉缸直径，m。

小型高炉设一个渣口，大、中型高炉设两个渣口，两个渣口高度差为 100 ~ 200 mm，也可设在同一水平面上。渣口直径一般为 ϕ50 ~ 60 mm。有效容积大于 2000 m^{3}的高炉一般设置多个铁口而不设渣口，多个铁口交替连续出铁。

由式(12-26)得渣口高度为：$h_z = 1.27 \dfrac{bP}{Nc\rho_{铁} d^2} = \dfrac{1.27 \times 1.2 \times 3245.2}{10 \times 0.55 \times 8.4^2 \times 7.1} = 1.795$

取 $h_z = 1.8$ m。

风口中心线与铁口中心线间的距离，称为风口高度(h_f)。风口与渣口的高度差应能容纳上渣量和提供一定的燃烧空间。

风口高度可参照式(12-27)计算：

$$h_f = \frac{h_z}{k} \tag{12-27}$$

式中 k——渣口高度与风口高度之比，一般取 0.5 ~ 0.6，渣量大时取低值。

代入数据得风口高度为：$h_f = \dfrac{h_z}{k} = \dfrac{1.8}{0.55} = 3.2727$ m，取 $h_f = 3.2$ m。

风口数目(n)主要取决于炉容大小，与炉缸直径成正比，还与预定的冶炼强度有关。风口数目多，有利于减小风口间的“死料区”，改善煤气分布。确定风口数目可以按下式计算：

中小型高炉： $$n = 2(d+1) \tag{12-28}$$

大型高炉： $$n = 2(d+2) \tag{12-29}$$

4000 m^{3}左右的巨型高炉： $$n = 3d \tag{12-30}$$

式中 d——炉缸直径，m。

本例风口数目为：$n = 2(d+2) = 2 \times (8.4+2) = 20.8$ 个，取 $n = 22$ 个。

风口数目也可以根据风口中心线在炉缸圆周上的距离(s)进行计算：

$$n = \frac{\pi d}{s} \tag{12-31}$$

s 取值范围是 1.1 ~ 1.6 m。日本设计的 4000 m^{3}以上的巨型高炉，s 取 1.1 m，并增加了风口数目，有利于高炉冶炼的强化。我国高炉设计也是取下限，增加了风口数量。确定风口数目时还应考虑风口直径与入炉风速，风口数目一般取偶数。

风口直径由出口风速决定，一般出口风速为 100 m/s 以上，当前设计的 4000 m^{3}左右巨型高炉的出口风速可达 200 m/s。风口直径也可根据经验确定。

风口结构尺寸通常根据经验直接选定，一般为 0.35 ~ 0.50 m，表 12-5 所示为不同容积高炉的风口结构尺寸和炉喉间隙。

表 12-5 不同容积高炉的风口结构尺寸和炉喉间隙

高炉容积/m^3	100	250	600	1000	1500	2000	2560
风口结构尺寸 a/mm	350	350	350	400	400	500	500
炉喉间隙/mm	550	600	700	800	900	950 ~ 1000	—

(3) 炉腹。炉腹在炉缸上部,呈倒截圆锥形。炉腹的形状适应了炉料熔化滴落后体积的收缩,稳定了下料速度;同时,可使高温煤气流离开炉墙,既不烧坏炉墙又有利于渣皮的稳定,对上部料柱而言,使燃烧带位于炉喉边缘的下方,有利于松动炉料,可促进冶炼进行。燃烧带产生的煤气量为鼓风量的1.4倍左右,理论燃烧温度为1800 ~ 2000℃,气体体积剧烈膨胀,炉腹的存在适应了这一变化。

炉腹的结构尺寸是指炉腹高度 h_2 和炉腹角 α。炉腹过高,有可能炉料尚未熔融就进入收缩段,易造成难行和悬料;炉腹过低则会减弱炉腹的作用。炉腹高度 h_2 也可由式(12-32)计算:

$$h_2 = \frac{D-d}{2}\tan\alpha \tag{12-32}$$

炉腹角一般为79° ~ 83°,过大不利于煤气分布并破坏稳定的渣皮保护层,过小则增大对炉料下降的阻力,不利于高炉顺行。

本设计选取 $\alpha = 81°$,则:

$$h_2 = \frac{D-d}{2}\tan\alpha = \frac{9.4-8.4}{2}\times\tan81° = 3.16\ \text{m}$$

取 $h_2 = 3.2$ m。

炉缸高度 h_1 可由炉腹高度 h_f 和风口结构尺寸 a 计算:

$$h_1 = h_f + a \tag{12-33}$$

则本设计炉缸高度为: $h_1 = h_f + a = 3.2 + 0.5 = 3.7$ m

(4) 炉身。炉身呈正截锥形,其形状适应炉料受热后体积的膨胀和煤气流冷却后体积的收缩,有利于减小炉料下降的摩擦阻力,避免形成料拱。炉身角(β)对高炉煤气流的合理分布和炉料顺行影响较大。炉身角小,有利于炉料下降,但易发生边缘煤气流,过小时还会导致边缘煤气流过分发展,使焦比升高;炉身角大,有利于抑制边缘煤气流,但不利于炉料下降,对高炉顺行不利。设计炉身角时要考虑原燃料条件,原燃料条件好,炉身角可取大值;相反,原料粉末多、入炉强度差,高炉冶炼强度高、喷煤量大,炉身角取小值。同时,炉身角也要适应高炉容积,一般大高炉由于径向尺寸大,所以径向膨胀量也大,这就要求炉身角小些;相反,中小型高炉炉身角大些。炉身角一般取值范围为81.5° ~ 85.5°。4000 ~ 5000 m^3 高炉的炉身角角取值为81.5°左右。

炉身高度 h_4 占高炉有效高度的50% ~ 60%,保障了煤气与炉料之间传热和传质过程的进行。可按式(12-34)计算:

$$h_4 = \frac{D-d}{2}\tan\beta \tag{12-34}$$

本设计选取炉身角 $\beta = 84°$,则炉身高度为:

$$h_4 = \frac{D-d}{2}\tan\beta = \frac{10.2-6.6}{2}\tan84° = 16.30\ \text{m} \tag{12-35}$$

取 $h_4 = 16$ m。

校核:

$$\tan\beta = \frac{2h_4}{D-d_1} = \frac{2\times20}{10.2-6.0} = 9.523,\text{则 } \beta = 84° \tag{12-36}$$

炉身角一般取值为81.5° ~ 85.5°,此计算结果符合该条件。

(5) 炉腰。炉腹上部的圆柱形空间为炉腰,是高炉炉型中直径最大的部位。炉腰处恰是冶炼的软熔带,透气性变差,炉腰的存在扩大了该部位的横向空间,改善了透气条件。

在炉型结构上,炉腰起着承上启下的作用,使炉腹向炉身的过渡变得平缓,减小死角。经验表明,炉腰高度(h_3)对高炉冶炼的影响不太显著,一般取 1 ~ 3 m,炉容大取上限。设计时可通过调整炉腰高度来修定炉容。

本设计选取 $H_u/D = 2.75$,则 $H_u = 2.75 \times 9.4 = 25.85$ m,取 $H_u = 25.9$ m,则求得炉腰高度为:

$$h_3 = H_u - h_1 - h_2 - h_4 - h_5 = 25.4 - 3.6 - 2.8 - 16 - 2.0 = 1.0 \text{ m} \tag{12-37}$$

炉腰直径(D)与炉缸直径(d)和炉腹角(α)、炉腹高度(h_2)几何相关,并决定了炉型的下部结构特点。一般炉腰直径(D)与炉缸直径(d)有一定的比例关系,大型高炉 D/d 的值为 1.09 ~ 1.15,中型高炉为 1.15 ~ 1.25,小型高炉为 1.25 ~ 1.5。

本设计选取 $D/d = 1.12$,则炉腰直径为 $D = 1.12 \times 8.4 = 9.408$ m,取 $D = 9.4$ m。

(6) 炉喉。炉喉呈圆柱形,它的作用是承接炉料、稳定料面、保证炉料合理分布。炉喉直径(d_1)与炉腰直径(D)、炉身角(β)、炉身高度(h_4)几何相关,并决定了高炉炉型的上部结构特点。d_1/D 的值在 0.64 ~ 0.73 之间。

钟式炉顶装料设备的大钟与炉喉间隙$(d_1 - d_0)/2$(d_0 为料钟式炉顶装料设备的大钟直径),对炉料堆尖在炉喉内的位置有较大影响。间隙小,炉料堆尖靠近炉墙,抑制边缘煤气流;间隙大,炉料堆尖远离炉墙,发展边缘煤气流。炉喉间隙大小应考虑原料条件,矿石粉末多时,应适当扩大炉喉间隙。同时,还应考虑 β 角大小,β 角大,炉喉间隙可大些;β 角小,炉喉间隙要小些。我国钟式炉顶炉喉间隙的大小见表 12-5。

本设计选取 $d_1/D = 0.64$,则炉喉直径为:$d_1 = 0.64 \times 9.4 = 6.016$ m,取 $d_1 = 6.0$ m。

本设计炉喉高度选取 $h_5 = 2.0$ m。

(7) 死铁层厚度。铁口中心线到炉底砌砖表面之间的距离,称为死铁层厚度。死铁层是不可缺少的,其内残留的铁水可隔绝铁水和煤气对炉底的侵蚀,其热容量可使炉底温度均一稳定,消除了热应力的影响。由于高炉冶炼不断强化,死铁层厚度有增加的趋势,目前国外新设计高炉的死铁层厚度为 $h_0 = 0.2d$。增加死铁层厚度,可以有效地保护炉底。

本设计死铁层厚度为:$h_0 = 0.2d = 0.2 \times 8.4 = 1.68$ m,取 $h_0 = 1.7$ m。

校核 α:$\tan\alpha = \dfrac{2h_2}{D - d} = \dfrac{2 \times 3.2}{9.4 - 8.4} = 6.4$,$\alpha = 81.19°$

由于 $\alpha = 81.19°$基本上等于设定的 81°,所以 α 设定合理。

(8) 校核炉容。

炉缸体积:

$$V_1 = \frac{\pi}{4} d^2 h_1 = \frac{\pi}{4} \times 8.4^2 \times 3.7 = 204.94 \text{ m}^3 \tag{12-38}$$

炉腹体积:

$$V_2 = \frac{\pi}{12} h_2 (D^2 + Dd + d^2) \tag{12-39}$$

$$= \frac{3.14}{12} \times 3.2 \times (9.4^2 + 9.4 \times 8.4 + 8.4^2) = 199.18 \text{ m}^3$$

炉腰体积:

$$V_3 = \frac{\pi}{4} D^2 h_3 = \frac{3.14}{4} \times 9.4^2 \times 1.0 = 69.3626 = 69.36 \text{ m}^3 \tag{12-40}$$

炉身体积：

$$V_4 = \frac{\pi}{12}h_4(D^2 + Dd_1 + d_1^2) = \frac{3.14}{12} \times 16 \times (9.4^2 + 9.4 \times 6 + 6^2) = 756.78 \text{ m}^3$$

炉喉体积：

$$V_5 = \frac{\pi}{4}d_1^2 h_5 = \frac{3.14}{4} \times 6^2 \times 2.0 = 56.52 \text{ m}^3$$

高炉容积：

$$\begin{aligned} V_u &= V_1 + V_2 + V_3 + V_4 + V_5 \\ &= 204.94 + 199.18 + 69.36 + 756.78 + 56.52 \\ &= 1286.78 \text{ m}^3 \end{aligned}$$

误差：

$$\begin{aligned} \Delta V &= \frac{V'_u - V_u}{V'_u} = \frac{1298.1 - 1286.78}{1298.1} \times 100\% \\ &= 0.87\% < 1\% \end{aligned}$$

因此，炉型设计合理，符合设计要求。

根据本设计各部分尺寸按图12-5所示绘制高炉炉型图。

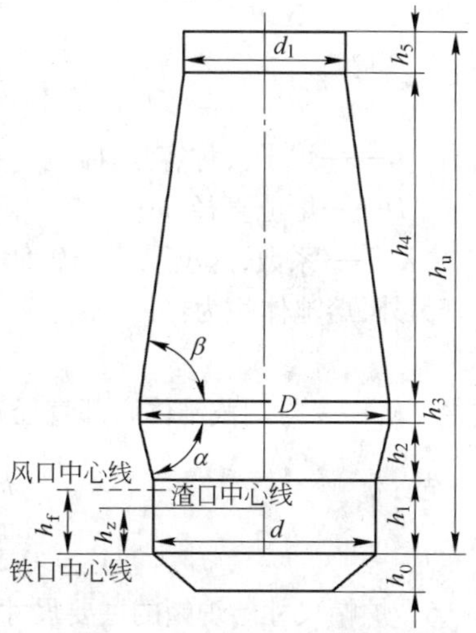

图12-5 1286 m³高炉炉型图

h_u—有效高度；h_0—死铁层高度；h_1—炉缸高度；h_2—炉腹高度；h_3—炉腰高度；h_4—炉身高度；h_5—炉喉高度；h_f—风口高度；h_z—渣口高度；d—炉缸直径；D—炉腰直径；d_1—炉喉直径；α—炉腰角；β—炉身角

12.2.3 炼钢转炉设计计算

下面以顶底复吹转炉设计为例进行说明，预设计一座150 t转炉。

（1）主要参数的确定。

1）炉容比。炉容比是指转炉有效容积 V_t 与公称容量 T 的比值，即 V_t/T（m³/t）。转炉有效容积是炉帽、炉身和熔池三个内腔容积之和。

确定炉容比时，应综合考虑以下因素：铁水比、铁水成分、冷却剂种类、供氧强度、喷枪孔数、基建投资等。通常，铁水比增加，铁水中Si、P、S含量高，用矿石作冷却剂以及供氧强度提高时，为了减少喷溅或溢渣损失、提高金属收得率和操作稳定性，炉容比要相应增大；但过大的炉容比会使基建和设备投资增加。对于大型转炉，由于采用多孔喷枪，操作比较稳定，因此在其他条件相同的情况下，炉容比有所减小。

转炉新砌炉衬的炉容比推荐值为0.90～0.95 m³/t，本计算中取0.90 m³/t。所以：$V_t = 0.90 \times 150 = 135 \text{ m}^3$。

2）高径比的确定与核定。高径比是指转炉炉壳总高 $H_{总}$ 与炉壳外径 $D_{壳}$ 的比值。实际上，它只作为炉型设计的校核数据。因为通过上述计算，当炉膛内高 $H_{内}$ 和内径 D 确定之后，再根据所设计的炉衬和炉壳的厚度，就可以确定高径比了。转炉高径比的推荐值为1.35～1.65。大炉子取下限，小炉子取上限。

3）熔池直径。熔池直径 D 可用式（12-41）计算：

$$D = K\sqrt{\frac{G}{t}} \tag{12-41}$$

式中 G——新炉金属装入量，t，可近似地取为公称容量；

t——平均每炉钢纯吹氧时间，min，这里取 15 min；

K——比例系数，取 1.70。

故：$D=1.70\times\sqrt{\frac{150}{15}}=5.376\ \text{m}$

4）熔池深度。熔池深度 h 可用式(12-42)计算：

由 $D=K_2\sqrt{\frac{G}{h}}$，可得：

$$h=\frac{GK_2^2}{D^2} \tag{12-42}$$

式中　G——炉子公称容量，t；

D——熔池直径，m；

K_2——系数，这里取 $K_2=0.503$。

另外，熔池体积为：

$$V_g=K_1hD^2 \tag{12-43}$$

式中　K_1——与倒截锥体底部直径 d 有关的熔池容积系数，本例取 $d=0.70D$，所以 $K_1=0.574$。

故：
$$h=\frac{150\times0.503^2}{5.376^2}=1.313\ \text{m}$$

$$V_g=0.574\times1.313\times5.376^2=21.782\ \text{m}^3$$

5）炉帽尺寸。炉帽的主要尺寸有炉帽倾角、炉口直径和炉帽高度。设计时应考虑到以下因素：确保其稳定性，便于兑铁水和加废钢，减少热损失，避免出钢时钢渣混出或从炉口流渣，减少喷溅。

炉帽倾角(θ)过小时，炉帽内衬不稳定性增加，容易倒塌；过大时，出钢时容易钢渣混出和从炉口大量流渣。目前，炉帽倾角多为 60°±3°，这里取 $\theta=60°$。

一般说来，在满足兑铁水和加废钢的前提下，应适当减小炉口直径(d)，以利于减少热损失，减少空气进入炉内而影响炉衬寿命，改善炉前操作条件。实践表明，取炉口直径为熔池直径的 43%~53% 较为合适。这里取 48%，即：$d=0.48D=0.48\times5.376=2.580\ \text{m}$。

为了维护炉口的正常形状，防止因砖衬蚀损而使其迅速扩大，在炉口上部设有高度 $H_0=300\sim400\ \text{mm}$ 的直线段。这里取 $H_0=350\ \text{mm}$，因此，炉帽高度($H_{帽}$)为：

$$H_{帽}=1/2(D-d)\tan\theta+H_0=1/2\times(5.376-2.580)\times\tan60°+0.350=2.771\ \text{m} \tag{12-44}$$

炉帽总容积为：

$$V_{帽}=0.262(H_{帽}-H_0)(D^2+Dd+d^2)-0.785d^2H_0 \tag{12-45}$$
$$=0.262\times(2.771-0.350)\times(5.376^2+5.376\times2.580+2.580^2)-0.785\times2.580^2\times0.350$$
$$=29.523\ \text{m}^3$$

6）炉身尺寸。对于圆筒形炉身，因其直径与熔池是一致的，故需确定的尺寸即为炉身高度 $H_{身}$。

$$H_{身}=\frac{4V_{身}}{\pi D^2}=\frac{4(V_t-V_{帽}-V_{池})}{\pi D^2} \tag{12-46}$$
$$=\frac{4\times(135-29.523-21.782)}{3.14\times5.376^2}=3.689\ \text{m}$$

7）出钢口尺寸。出钢口内口一般都设在炉帽与炉身交界处，以便当转炉处于水平位置出钢时其位置最低，可使钢水全部出净。出钢口的主要尺寸是其中心线的水平倾角(θ_1)和直径

($d_{出}$)。

出钢口中心线的水平倾角 θ_1,本计算中取为0°。这样可以缩短出钢口长度,利于维修和减少钢液二次氧化及热损失;但0°倾角也使钢流对钢包内金属的冲击力变小。

出钢口直径决定着出钢时间,因此随炉子容量的不同而异。出钢时间通常为2~8 min,时间过短,即出钢口过大,难以控制下渣,而且钢包内钢液静压力增长过快,脱氧产物上浮不易;时间过长,即出钢口过小,钢液容易二次氧化和吸气,散热也大。通常,$d_{出}$ 可按经验式(12-47)确定:

$$d_{出} = \sqrt{63 + 1.75T} \tag{12-47}$$

式中　$d_{出}$——出钢口直径,cm;

T——转炉公称容量,t。

故:$d_{出} = \sqrt{63 + 1.75 \times 150} = 18.0$ cm

(2) 转炉炉衬设计。转炉炉衬设计的主要任务是选择合适的炉衬材料,确定合理的炉衬组成和厚度,并提出相应的砖型和数量,以确保获得经济上的最佳炉龄。

氧气转炉炉衬材质普遍用镁碳砖,炉龄有明显提高。但由于镁碳砖成本较高,因此一般只将其用在诸如耳轴区、渣线等炉衬易损部位,即炉衬工作层采用均衡炉衬,综合砌炉。通常炉衬由永久层、填充层和工作层组成。永久层紧贴炉壳(无绝热层时),修炉时一般不拆除,常用镁砖砌筑。填充层介于永久层与工作层之间,一般用焦油镁砂捣打而成,厚度约80~100 mm,其主要功能是减轻炉衬受热膨胀时对炉壳产生的挤压和便于拆除工作层;也有的转炉不设填充层。这里填充层厚度选取为90 mm。工作层是指与金属、熔渣和炉气接触的内层炉衬,其工作条件相当恶劣,目前该层多用镁碳砖和焦油白云石砖综合砌筑。炉帽可用二步煅烧镁砖。转炉各部位的炉衬厚度设计参考值,如表12-6所示。

表12-6　转炉炉衬厚度设计参考值

炉衬各部位名称		厚度/mm
炉　帽	永久层	150
	工作层	550
炉身(加料侧)	永久层	140
	工作层	700
炉身(出钢侧)	永久层	140
	工作层	700
炉　底	永久层	450
	工作层	650

(3) 转炉炉体金属构件设计。转炉炉体金属构件由炉壳、炉体支承装置及倾动机构组成。

1) 炉壳。炉壳通常由炉帽、炉身和炉底三部分组成。炉帽制成截圆锥形。由于炉帽,特别是炉口部位受高温作用而易变形,所以目前普遍采用水冷炉口。这样既提高了炉帽寿命,又能减少炉口黏渣。其中,水冷炉口选用将蛇形钢管铸在铸铁炉口圈内的结构,虽然其制作难度大,但使用安全。炉身制成圆柱形,它是整个炉子的承载部分,受力最大。炉底有球形和截锥形两种,前者制作和内衬砌筑均较后者复杂,但强度优于后者,所以本设计选择球形炉底。

对于30 t以上的转炉,各国多采用耐高压的锅炉钢板制作炉壳,也有用合金钢板的。国内用于制作炉壳的低合金高强度钢有16Mn、14MnNb等。

本设计150 t转炉炉壳钢板的厚度确定为:炉帽钢板厚55 mm;炉身钢板厚80 mm;炉底钢板

厚65 mm。

2）炉体支承装置。支承装置承载着转炉炉体的全部重量，其主要部件有托圈、炉体与托圈的连接装置、耳轴及其轴承。

托圈是转炉的重要承载和传动部件，通常是用钢板焊接且呈箱形断面的环形结构，两侧焊有铸钢的耳轴座，供装耳轴使用。在其中间焊有垂直筋板以增加其刚度，托圈内通水冷却，可降低热应力。其材质可用优质Q345钢板焊接成型，或用铸钢成型。为了制造加工、运输的方便，一般将大型转炉的托圈剖分成四段，运往现场组装。托圈的基本尺寸是断面尺寸，高宽比可按2.5～3.5选取。

炉壳与托圈的连接装置选用吊挂式连接装置，用若干组拉杆或螺栓将炉壳吊挂在托圈上。炉壳上部焊有两个加强圈，炉壳通过它们和三个带球面垫圈的自调螺栓与托圈连接在一起。三个螺栓在圆周上呈120°布置，且与焊在托圈盖板上的支座铰接。

炉体和托圈的全部载荷都通过耳轴，经轴承座传给地基；同时，倾动机构的倾动力矩又通过耳轴传给托圈和炉体。可见耳轴要受多种负荷的作用，因此应有足够的强度和刚度。耳轴材料一般为合金钢，这里选用40Cr合金钢锻造加工制造。耳轴的直径选为900 mm。耳轴轴承选用重型双列向心球面滚子轴承，其特点是能承受重载、可自动调位和保持良好的润滑。耳轴与托圈的连接方式为直接焊接。

3）倾动机构。冶炼工艺对倾动机构的要求有：转炉在冶炼过程中要前后倾动，倾动角度为±360°，以满足兑铁水、加废钢、取样、测温、补炉、出渣、出钢等的需要；必要时，倾动速度也应是可调的；此外，倾动机构还需要与氧枪和烟罩升降机构联锁，且能适应载荷的变化和结构的变形。倾动机构的主要参数有倾动速度、倾动力矩和耳轴位置。

① 倾动速度。转炉的转速通常为0.15～1.5 r/min，而倾动机构是低转速，故其减速比很大，约为800～1000。小于30 t的转炉可不调速，转速为0.17 r/min；50～100 t的转炉用两级调速，低速0.2 r/min，高速为0.8 r/min；150 t以上的转炉采用无级调速，转速为0.15～1.5 r/min。

② 倾动力矩。计算倾动力矩的目的是，确定不同情况下的倾动力矩和合理选择耳轴位置，以确保操作安全。

③ 最佳耳轴位置的确定。从安全观点考虑，应当用“全正力矩”来确定；若从经济效果出发，宜用“正负力矩等值”原则。所谓最佳位置的确定，即应兼顾到安全性和经济性。

(4) 氧枪设计。氧枪由喷头、枪身和尾部结构三部分组成。喷头常用紫铜材质，由锻造紫铜经机械加工制成。枪身由无缝钢管做成的三层套管组成。尾部结构应便于输氧管、进水和出水软管与氧枪枪体的连接，保证三层套管之间密封及冷却水道的间隙畅通，便于吊装氧枪。

氧枪设计的内容包括：喷头设计、水冷系统设计、枪身和尾部结构系统设计。

1）氧枪喷头设计及实例。喷头是氧枪的核心部分，其基本功能可以说是作为能量转换器，它将氧管中氧气的高压力能转化为动能，并通过氧气射流对熔池产生作用，而氧气射流的参数主要由喷头参数所决定。

喷头设计的主要要求是：在一定的操作氧压和枪位条件下，为吹炼提供所需的供氧强度，使氧气射流获得较大的动能，以达到合适的穿透深度，对熔池搅拌均匀的同时又不至于引起较大的喷溅。为此，要求正确设计工况氧压和喷孔的形状、尺寸，并要求氧气射流沿轴线的衰减应尽可能的慢。在合适的枪位下，氧气射流在熔池面上要形成合理的反应区，保证熔池反应均匀，对炉衬侵蚀小且均匀。尤其对于多孔喷枪，要求各股氧气射流达到熔池面上时不要汇合，能形成多个反应区，这就要求氧气射流在熔池面上有合适的冲击直径。氧枪喷头寿命要长，为此要求喷头的结构合理、简单，要求氧气射流沿氧枪轴线不出现负压区和强烈湍流运动。

喷头参数的选择要考虑氧流量或供氧强度。氧流量是指单位时间通过氧枪的氧量(标态,m^3/min 或 m^3/h)。供氧强度是指单位时间每吨钢的供氧量,在转炉设计中常用单位时间转炉每公称吨位的供氧量(标态,$m^3/(t \cdot min)$)表示。氧流量是氧枪设计的重要参数。当出口马赫数和操作氧压选定后,喷头的喉口面积就取决于氧流量。氧流量计算式为:

$$每吨钢耗氧量 = \frac{(w[C]_{铁} \times K - w[C]_{终点}) \times 0.933}{\eta} \tag{12-48}$$

式中 $w[C]_{铁}$——铁水中的碳含量;
$w[C]_{终点}$——吹炼终点钢水中的碳含量;
K——金属料中铁水所占的百分比;
0.933——1 kg 碳氧化时需要的氧气体积;
η——氧气脱碳效率。

喷头的孔数有3、4、5孔等。由于多孔喷头变集中供氧为分散供氧,增大了氧射流与熔池的冲击面积,因此取得了显著的吹炼效果。但是,与单孔喷头比较,多孔喷头氧射流衰减较快,吹炼枪位较低,从而对喷头的冷却要求更高,结构更复杂。

喷头出口处马赫数 Ma 是喷头设计的重要参数。Ma 值与出口压力 P 和设计工况氧压 P_0 的比值(P/P_0)有确定的对应关系。而 P 值基本不变,因此,P_0 的选定实质上就是出口马赫数 Ma 的选定。随着 Ma 值增大,喷头氧气射流出口速度 v 要提高,从提高转炉熔池的搅拌力出发,希望选用更高的 Ma 值。然而 P_0 也要相应提高,当 $Ma > 2$ 以后,氧气射流出口速度 v 增加变慢,而 P_0 提高很快,这在经济上也是不合适的。目前,国内外氧枪喷头出口马赫数多选用2.0左右,在总管氧压允许条件下,也有的选用2.2~2.3。

多孔喷头的喷孔夹角,是指喷孔几何中心线和喷头中轴线之间的夹角,它是多孔喷头设计的重要参数之一。氧气射流沿喷孔向外喷射的过程中,多股射流之间发生相互吸引而使射流向中心偏移。每股射流与熔池作用处的最大冲力点和喷头中轴线之间的距离,称为冲击半径。冲击半径的大小主要取决于喷孔夹角和枪位,同时也受马赫数、氧压、喷孔间距的影响。生产经验证明,冲击半径 $R_{冲}$ 和熔池半径 $R_{熔}$ 之比(称为循环比 $R_{比}$)是对转炉冶炼有重大影响的参数之一,多孔喷头要求 $R_{比} = 0.1 \sim 0.2$,中小型转炉要求 $R_{比} = 0.1 \sim 0.15$。选择 $R_{比}$ 时,还应该参考熔池深度与熔池直径的比值大小,该比值大,则 $R_{比}$ 可小些;反之,$R_{比}$ 则大些。随着喷头孔数的增加,喷孔夹角应增大。

现在转炉喷头基本上都采用超声速的拉瓦尔喷头,它由收缩段、喉口和扩张段三部分组成。设计一个气动特性很好的超声速喷管需要进行大量的计算,而且喷管内形是一个复杂的曲面,其喉口又是收缩段和扩张段曲面相接的一个面,长度趋近于零,因此加工十分困难。圆锥形喷管收缩段的半锥角允许大到30°左右,一般希望收缩段入口处的直径大于喉口直径的二倍,若半锥角为30°,则收缩段长度约相当于喉口直径的两倍。圆锥形喷管的喉口有一定的长度,其等截面长度应尽量短,一般取2~10 mm;而且要求收缩段和扩张段与喉口直线段呈圆滑连接,不要出现棱角。圆锥形喷管扩张段的半锥角一般为4°~6°,根据喉口直径和出口直径选定半锥角后,便可以算出扩张段的长度。

下面以一个氧枪喷头设计实例进行说明。

原始条件为:

铁水成分为C 4.25%,Si 0.65%,Mn 0.50%,P 0.25%,S 0.020%;冶炼钢种为低合金高强度钢;根据铁水成分和所炼钢种进行物料平衡计算时,取每吨钢铁料耗氧量为52 m^3;依国内外转炉目前所达到的供氧强度和冶炼技术水平,吹氧时间取为15 min;转炉新炉子的内径为5.38 m,有效高度为 7.76 m，熔池深度为 1.31 m，炉容比为 0.9 m^3/t；转炉公称容量为 150 t，采用阶段定量法。

① 计算氧气流量。当装入量为 150 t 时，氧气流量（标态）为：$Q = \frac{52 \times 150}{15} = 520\ m^3/min$。

② 选定喷孔出口马赫数 $Ma = 2.0$，采用六孔喷头，喷孔为拉瓦尔型，喷孔夹角为 16°。

③ 计算设计工况氧压和喉口直径。查等熵流表可知，当 $Ma = 2.0$ 时，$P/P_0 = 0.1287$，取 $P = P_{膛} = 0.099$ MPa 代入，则设计工况氧压为：$P_0 = 0.099/0.1287 = 0.775$ MPa。

每孔氧流量（标态）为：$q = \frac{Q}{6} = \frac{520}{6} = 86.7\ m^3/min$

令喷孔流量系数 $C_D = 0.93$（对多孔喷头，取值范围为 0.90 ~ 0.96）、氧气温度 $T_0 = 273 + 25 = 298$ K、$P_0 = 0.775$ MPa，则：

$$q = 17.64 C_D \frac{P_0 A_{喉}}{\sqrt{T_0}} \tag{12-49}$$

则：

$$86.7 = 17.64 \times 0.93 \times \frac{7.9 A_{喉}}{\sqrt{298}} = 17.64 \times 0.93 \times \frac{7.9}{\sqrt{298}} \times \frac{\pi}{4} d_{喉}^2$$

求得：$d_{喉} = 3.8$ cm

④ 确定喷孔出口直径。根据 $Ma = 2.0$ 查等熵流表得：$A_{出}/A_{喉} = 1.688$，即$\frac{\pi}{4} d_{出}^2 = 1.688 \times \frac{\pi}{4} \times d_{喉}^2$，则：

$$d_{出} = \sqrt{1.688}\, d_{喉} = \sqrt{1.688} \times 38 = 49\ mm \tag{12-50}$$

⑤ 确定喷孔其他几何尺寸。取喷孔喉口的直线段长度为 10 mm，扩散段的半锥角取 5°，则扩张段的长度为：

$$L_{扩} = \frac{d_{出} - d_{喉}}{2\tan 5°} = \frac{49 - 38}{2\tan 5°} = 63\ mm \tag{12-51}$$

收缩段的长度为：

$$L_{收} = 1.2 \times d_{喉} = 1.2 \times 38 = 46\ mm$$

2）水冷系统设计。氧枪枪身由三层同心无缝钢管组成，其长度取决于炉子尺寸与工艺布置的要求，枪身各层钢管的直径和厚度计算如下。

选定参数为：供氧强度（标态）$I = 3.5\ m^3/(min \cdot t)$；理论设计氧压 $P_0 = 0.775$ MPa；出口氧压 $P = 0.099 \times 10^6$ Pa；转炉公称吨位 $G = 150$ t；氧气在中心管的流速 $v_1 = 48$ m/s。

① 内层管规格设计

$$A_1 = \frac{P \cdot G \cdot I}{P_0 \cdot v_1} = \frac{0.099 \times 10^6 \times 150 \times 3.5}{0.775 \times 10^6 \times 60 \times 48} = 0.02329\ m^2 \tag{12-52}$$

内层管半径为：$d_1 = \sqrt{\frac{4A_1}{\pi}} = 1.13\sqrt{A_1} = 1.13 \times \sqrt{0.02329} = 0.172\ m = 172\ mm$　　(12-53)

从无缝钢管产品国家标准中选用的规格为 ϕ180 mm × 3.5 mm，即管外径为 180 mm、壁厚为 3.5 mm、管内径为 173 mm，符合设计尺寸。

② 中层管规格设计

选定高压冷却水流量为：$Q_{水} = 180\ m^3/h$，高压冷却水流速为 $v_{水} = 4.8$ m/s，则中层管面积 A_2 为：

$$A_2 = \frac{Q_{水}}{v_{水}} = \frac{180}{4.8 \times 3600} = 0.01042\ m^2 \tag{12-54}$$

内层管外径为：$d_{1外} = 180$ mm

进水管为环形通道，则有：

$$A_2 = \frac{\pi}{4}(d_2^2 - d_{1外}^2) \tag{12-55}$$

可得：$d_2 = \sqrt{d_{1外}^2 + \frac{4A_2}{\pi}} = \sqrt{0.18^2 + \frac{4 \times 0.01042}{3.1416}} = 0.214\ \text{m} = 214\ \text{mm}$

从标准中选择中层管规格为 ϕ245 mm × 15 mm，即外径为 245 mm、内径为 215 mm。

③ 外层管规格设计

冷却水流量为 $Q_水 = 180\ \text{m}^3/\text{h}$，高压冷却水流速为 $v_水 = 5$ m/s，则外层管面积 A_3 为：

$$A_3 = \frac{Q_水}{v_水} = \frac{180}{5 \times 3600} = 0.01\ \text{m}^2 \tag{12-56}$$

中层管外径为：$d_{2外} = 245$ mm

出水管为环形通道，则有：

$$A_3 = \frac{\pi}{4}(d_3^2 - d_{2外}^2)$$

可得：

$$d_3 = \sqrt{d_{2外}^2 + \frac{4A_3}{\pi}} = \sqrt{0.245^2 + \frac{4 \times 0.01}{3.1416}} = 270\ \text{mm} \tag{12-57}$$

根据计算结果，从钢管产品标准中选择规格为 ϕ299 mm × 12 mm，即外径为 299 mm、壁厚为 12 mm、内径为 275 mm，与计算尺寸相符合。

3）氧枪总长度的确定。参考同类氧枪的长度，本设计选用氧枪长度为 $H_枪 = 17.236$ m。

13 收尘设备设计

火法冶金过程会产生大量的含尘烟气，通过收尘处理可以提高金属、碳、硫的回收率和原料的综合利用率，也可以消除一些不安全因素，改善环境，消除污染。烟气收尘方式有惯性收尘、过滤收尘、湿式收尘和电收尘四种。使用的收尘设备主要有沉降收尘器、惯性收尘器、旋风收尘器、布袋收尘器、文氏管收尘器以及电收尘器等。本章以旋风收尘器的设计过程为例进行介绍。

13.1 概述

旋风收尘器是利用离心力作用，使烟尘从烟气中分离而加以捕集的装置。旋风收尘器分为干式和湿式两种类型，本章主要介绍干式旋风收尘器的设计。

旋风收尘器结构简单、造价低、操作管理及维修方便，对于处理 10 μm 以上的粗粒烟尘具有较高的收尘效率，也可用于处理高温（450℃）、高含尘浓度（400～1000 g/m^3）的烟气，在有色冶炼厂中应用广泛。旋风收尘器一般只作为粗收尘设备使用，以减轻后序细收尘设备的工作负荷。旋风收尘器对处理烟气量的变化非常敏感，烟气量变小，其收尘效率将大幅度降低；烟气量增大，会导致流体阻力急剧加大。因此，选用和设计旋风收尘器时，应充分考虑设备自身的特点。

13.1.1 旋风收尘器的类型与性能

旋风收尘器可按照不同的方法进行分类，例如，按收尘效率，可分为普通和高效旋风收尘器（见表 13-1）；按处理烟气量，可分为大流量、中流量旋风收尘器；按流体阻力大小，可分为低阻、中阻旋风收尘器；按烟气导入方式，可分为切向流和轴向流旋风收尘器；按安装方式，可分为立式、卧式和倒装式旋风收尘器；按结构外形，可分为长锥体、长筒体、扩散式、旁通式旋风收尘器；按烟气在旋风收尘器中流动和排出路线，可分为反转式和直流式旋风收尘器。

表 13-1 旋风收尘器收尘效率的范围

烟尘粒径/μm	收尘效率范围/%	
	普通旋风收尘器	高效旋风收尘器
<5	<50	50～75
10～20	50～80	80～85
15～50	80～85	85～90
>40	85～90	90～95

切向流反转式旋风收尘器是最常用的一种旋风收尘器。其烟气由筒体侧面沿切线方向导入，在筒体内旋转向下进入锥体，达到锥体端点前折回并向上旋转，经内筒排出，如图 13-1 所示。

影响旋风收尘器性能的主要因素有：

（1）进口流速。旋风收尘器进口烟气流速增大，烟尘受到的离心力增加，临界粒径减小，收尘效率提高。但进口流速过高，旋风收尘器内的烟尘反弹、返混及尘粒碰撞被粉碎等现象发生，反而会影响收尘效率的继续提高。尤其是旋风收尘器的流体阻力与进口流速的平方成正比，当进口流速达到一定值后再继续增大，则旋风收尘器的流体阻力急剧增大，而收尘效率提高无几。

因此,应根据旋风收尘器的特点、烟气和烟尘的特性、使用条件等综合因素,选定合适的进口流速。例如,高效旋风收尘器的进口流速可选用 14 ~ 21 m/s;低阻、大容量旋风收尘器或串联使用的旋风收尘器,其进口流速可选用 25 ~ 30 m/s。

(2) 进口形式。旋风收尘器的进口形式是影响其性能的重要因素,常用的进口形式如图 13-2 所示。

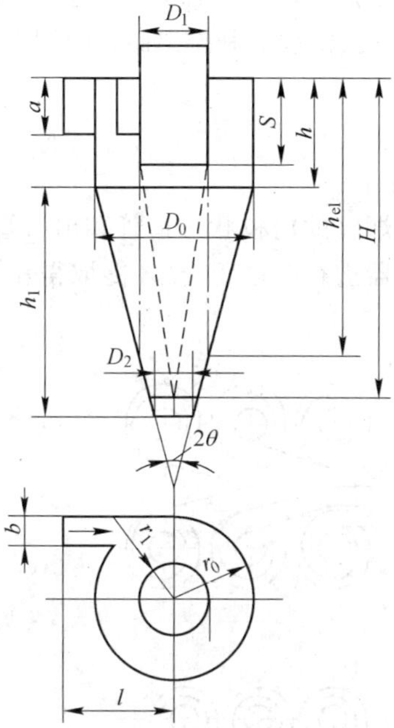

图 13-1　切向流反转式旋风收尘器示意图

h—圆筒高度;h_1—圆锥高度;H—总高度;D_0—圆筒内径;D_1—出口管内径;D_2—排灰口直径;S—排气管插入深度;a—进口高度;b—进口宽度;l—进口长度;θ—锥角;h_{el}—收尘段有效高度;r_1—出口管半径;r_0—圆筒半径

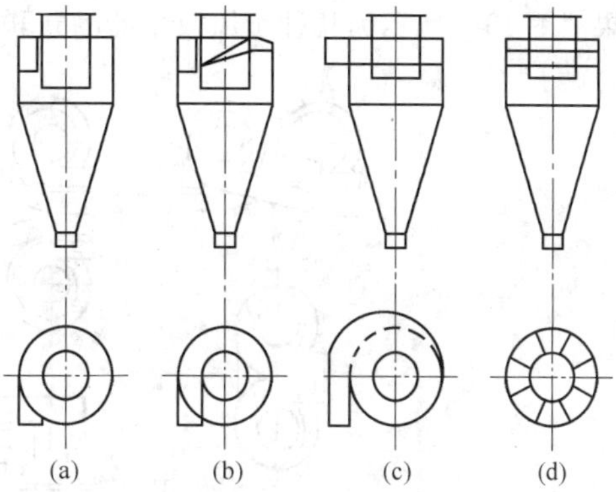

图 13-2　旋风收尘器常用的进口形式

(a) 切向进口;(b) 螺旋面进口;(c) 渐开线蜗壳进口;(d) 轴向进口

其中,切向进口制造简单、外形尺寸紧凑,是使用最为普遍的一种类型;螺旋面进口能使气流与水平面呈一定的角度向下旋转流动,可减弱进口部分气流的相互干扰,改善收尘器性能;渐开线蜗壳进口加大了进口气流和排气管间的距离,减少了进口气流对内部逆转气流的干扰和短路逸出,收尘效率较高,蜗壳圆周角有 90°、180°和 270°,其中 180°用得较多;轴向进口的气流分布均匀、流体阻力小,但收尘效率较低,常用于组合成小直径的多管旋风收尘器。

(3) 排气管。旋风收尘器排气管内径越小,内旋流直径越小,则最大切线速度越大,有利于提高收尘效率,但流体阻力也随之增大。高效旋风收尘器排气管内径一般小于或等于圆筒内径 D_0 的一半,而普通旋风收尘器排气管内径可达 $0.65D_0$;排气管插入深度宜超过进口管下边缘,但不应接近锥体上边缘,一般由实验确定;由于旋风收尘器 50% ~ 60%(有的达到 87%)的流体阻力消耗在排气管上,在排气管入口端宜安装减阻器(整流叶片),以减少排气管内气流的旋转速度,降低流体阻力,但收尘效率也会略有下降。

(4) 锥体。增加旋风收尘器的锥体长度,可提高收尘效率,降低流体阻力,减少排灰口附近锥体的磨损。高效旋风收尘器的锥体长度不应小于圆筒内径的两倍;锥体锥角一般为 15° ~ 20°,

以便使烟尘顺利下落。近年来发展起来的直锥形旋风收尘器（XZZ 型）的锥角则更小，倒锥形的扩散旋风收尘器也得到了推广使用。锥体底部排灰口的直径 D_2 不得小于排气管内径的 1/4，一般可取 $D_2=(0.5\sim0.7)D_1$，大的可取 $D_2=(1.0\sim1.2)D_1$。目前，较好的旋风收尘器一般都取较大的排灰口。

（5）灰斗。灰斗是旋风收尘器的重要组成部分，合理的灰斗应能使旋风收尘器捕集的烟尘顺利落入其中。对灰斗的要求是：具有足够的容积，除满足烟尘的储存需要外，延伸到灰斗内的旋转气流不至于引起被收下烟尘的再飞扬；有良好的气密性；能够顺利排出储存的烟尘。

13.1.2　旋风收尘器的组合

旋风收尘器有并联和串联两种基本组合方式，具体如下：

（1）并联组合。设置向各旋风收尘器均匀分配含尘烟气的树枝状进口管和出口管，即为并联组合的旋风收尘器。只有型号和规格相同的旋风收尘器进行并联组合，才能取得较好的使用效果。图 13-3 所示为几种旋风收尘器的并联组合方式。

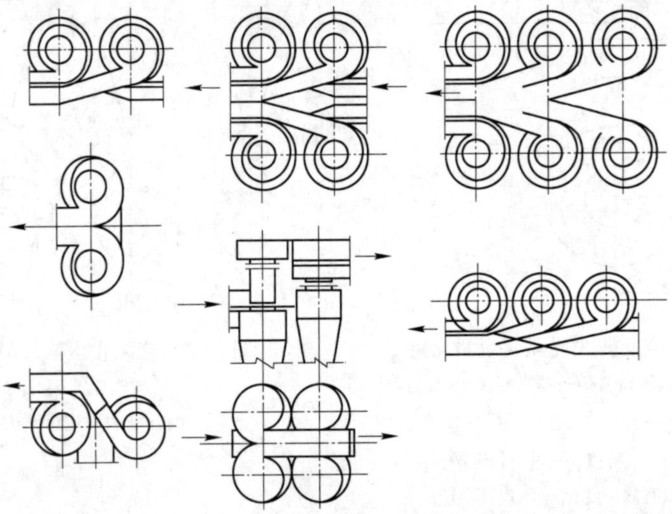

(a)　(b)　(c)

图 13-3　旋风收尘器的并联组合方式

（a）二管并联；（b）四管并联；（c）六管并联

并联组合的旋风收尘器，其处理的烟气量等于单筒旋风收尘器处理的烟气量之和，流体阻力为单筒旋风收尘器流体阻力的 1.1 倍，收尘效率略低于同规格的单筒旋风收尘器。

并联组合的旋风收尘器的灰斗应分别单独设置，以避免单个旋风收尘器之间的烟气相互串流。各并联单筒旋风收尘器共用一个灰斗时，应按综合的筒数将灰斗分格。图 13-4 所示为四管并联旋风收尘器的灰斗分格方式。

（2）串联组合。在处理的烟气含尘浓度大、收尘效率要求高、烟尘粗且磨琢性强的情况下，可采用串联的旋风收尘器。串联的旋风收尘器可以是相同型号、不同规格的。也可以是不同型号、相同规格的。图 13-5 是两台旋风收尘器串联使用示意图。

旋风收尘器串联使用一般不宜超过两级，且两级的烟气进口流速要有明显差别。例如，在旋风收尘器进口流速范围内，一级旋风收尘器的烟气进口流速应选低值（12 ~ 17 m/s），二级旋风收尘器应选高值（18 ~ 24 m/s）。

当两台旋风收尘器串联使用时,处理烟气量等于各台处理的烟气量,流体阻力等于各台的流体阻力之和,收尘效率则等于两台收尘效率之和再减去两台收尘效率之积。

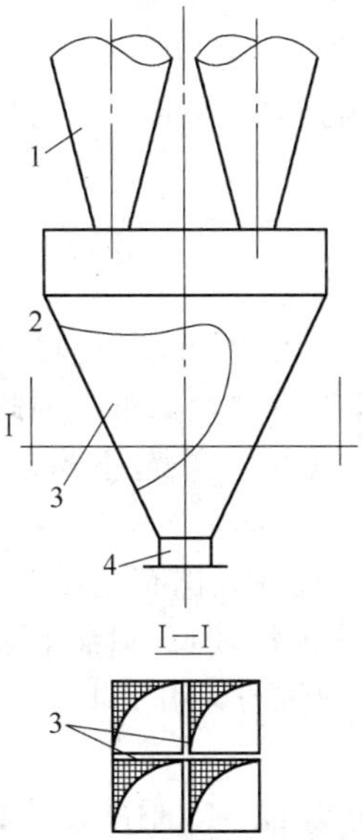

图 13-4　四管并联旋风收尘器的灰斗分格
1—旋风收尘器;2—集灰斗;3—隔板;4—排灰口

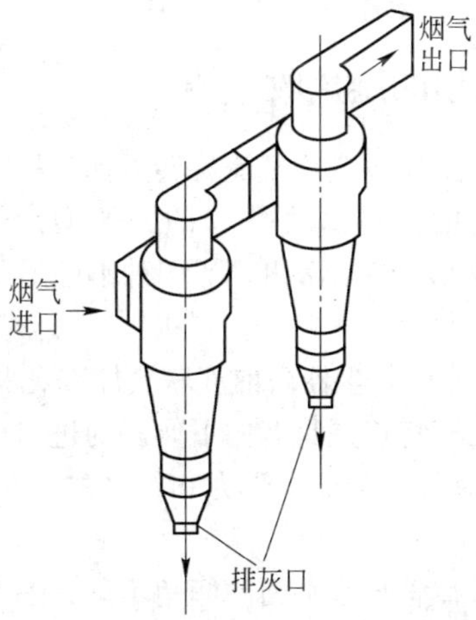

图 13-5　两台旋风收尘器串联使用示意图

13.1.3　旋风收尘器的抗磨损措施

(1) 磨损。旋风收尘器被磨损的主要部位是筒体与进口管连接处、含尘烟气由直线运动变为旋转运动的部位和靠近排灰口的锥体底部。其磨损与下列因素有关:

1) 烟气含尘浓度。含尘浓度越大,器壁磨损越快。

2) 烟尘粒径。烟尘粒径越大,器壁磨损越快。

3) 烟尘磨琢性。烟尘磨琢性越强,器壁磨损越快。密度大、硬度大、粒径大、外形有棱角的机械尘有较强磨琢性,如烧结烟尘、鼓风炉烟尘、流态化焙烧烟尘以及焙砂等。

4) 气流速度。气流速度越大,磨损越严重。

5) 旋风收尘器锥角。锥角越大,锥体底部越容易被磨损。

(2) 抗磨措施。在磨损大的条件下使用旋风收尘器时,应考虑抗磨问题。可对整个旋风收尘器做抗磨处理,也可对磨损严重的部位做抗磨处理。典型的抗磨处理方法有:使用抗磨材料法、渗硼法、内衬法和涂抹法等。

1) 使用抗磨材料法。使用抗磨材料法是直接用耐磨铸铁、陶瓷、花岗岩或钢筋混凝土等抗磨性好的材料。

2) 渗硼法。渗硼法是在加热炉内控制一定的温度和时间,使硼砂中的硼渗透到钢材内形成微米级的渗硼层,旋风收尘器形状尺寸均不变化。渗硼层表面硬度高、抗磨能力强,在高温高压下使用,其抗磨能力超过几十微米后的钢板。渗硼法适用于厚壁的铸铁或用钢管制造的小直径旋风收尘器。

3) 内衬法。内衬法是将耐磨材料先加工成一定形状,再固定在旋风收尘器内表面的抗磨方法。作衬里用的抗磨材料有陶瓷、刚玉、辉绿岩铸石、高铝砖、耐火黏土砖、高锰钢以及高硅铸铁等。

4）涂抹法。涂抹法是将耐磨材料按一定比例配制好后，充填进入旋风收尘器内表面已安装好、起固定作用的骨架内，经捣实、抹平、压光、养护等工序后形成抗磨涂层。耐磨涂料由骨料、粉料、黏合剂或促凝剂等物料组成。在高温（高于450℃）条件下，可用不定形耐火材料作耐磨涂料。为了使耐磨涂料牢固地黏结在旋风收尘器的内壁，需在旋风收尘器内壁安装龟甲网骨架、筋板穿钢丝骨架或钢板（丝）网骨架。

13.2 常用的旋风收尘器

旋风收尘器按进口气流旋转方向（从顶部俯视）分类：顺时针的为S型、逆时针的为N型；出口带有蜗壳的，即从水平出口的为X型；不带蜗壳，即从上部出口的为Y型。因此，旋风收尘器可以组合成SX、SY、NX和NY四种不同形式，设计和选用时应注明。本节主要介绍ЦН型旋风收尘器。

ЦН型旋风收尘器由前苏联气体净化科学研究所设计，目前被我国有色金属及硫酸等行业广泛使用。其特点是具有向下倾斜的进口接管，圆筒体和圆锥体均较长，圆锥角较小，排气管插入较深；具有较小的流体阻力和较高的收尘效率；采用厚钢板制造，可用于450℃以下的烟气收尘处理。

按照进口管与水平面的倾角不同，ЦН型旋风收尘器可分为ЦН-15、ЦН-15Y、ЦН-24、ЦН-11等形式，相关尺寸与其筒体内径的比例关系列于表13-2中。

表 13-2 ЦН 型旋风收尘器的尺寸比例

参数符号及其物理意义	ЦН-15	ЦН-15Y	ЦН-24	ЦН-11
筒体内径 D_0	$1D_0$	$1D_0$	$1D_0$	$1D_0$
出口管内径 D_1	$0.6\ D_0$	$0.6\ D_0$	$0.6\ D_0$	$0.6\ D_0$
排灰口内径 D_2	$(0.3\sim0.4)D_0$	$(0.3\sim0.4)D_0$	$(0.3\sim0.4)D_0$	$(0.3\sim0.4)D_0$
进气管高度 a	$0.66D_0$	$0.66D_0$	$1.11D_0$	$0.48D_0$
进气管宽度（入口处）b	$0.26D_0$	$0.26D_0$	$0.26D_0$	$0.26D_0$
与筒体连接处宽度 b_1	$0.2D_0$	$0.2D_0$	$0.2D_0$	$0.2D_0$
进气管长度 l	$0.6D_0$	$0.6D_0$	$0.6D_0$	$0.6D_0$
旋风收尘器中线直径 D_P	$0.8D_0$	$0.8D_0$	$0.8D_0$	$0.8D_0$
进气管与水平面倾角 α	15°	15°	24°	11°
排气管插入深度 S	$1.44D_0$	$1.2D_0$	$1.71D_0$	$1.26D_0$
圆筒部分高度 h	$2.26D_0$	$1.51D_0$	$2.11D_0$	$2.08D_0$
圆锥部分高度 h_1	$2.0D_0$	$1.5D_0$	$1.75D_0$	$2.0D_0$
总高度 H	$4.56D_0$	$3.31D_0$	$4.26D_0$	$4.38D_0$

ЦН型旋风收尘器的分级收尘效率见表13-3，该组数据是通过密度为2300 kg/m^{3}的粉尘试验得到的。ЦН型旋风收尘器的处理能力按式（13-1）计算，即：

$$Q = 3600u_0\frac{\pi D_0^2}{4} \tag{13-1}$$

式中 Q——单筒旋风收尘器处理的工况烟气量,m^3/h;

u_0——在操作工况下筒体的假想断面流速,m/s。

表 13-3 ЦН 型旋风收尘器的分级收尘效率

型 号	旋风收尘器直径/mm	当量直径的收尘效率/%		
		5 μm	10 μm	20 μm
ЦН-15	800	50	85	97.5
	600	55	87	98
	400	69	89	98.5
	200	77	93	99
	100	83	95	99.5
ЦН-15Y	800	40	81	97
	200	70	91	99
ЦН-24	1000	30	70	96
	500	41	79	97
ЦН-11	800	65	90	98
	100	86	97	99.8

ЦН 型旋风收尘器的流体阻力按式(13-2)计算,即:

$$\Delta P=\zeta\frac{\rho u_i^2}{2} \tag{13-2}$$

式中 ΔP——ЦН 型旋风收尘器的流体阻力,Pa;

ζ——对应于筒体假想流速的流体阻力系数,无量纲;

ρ——烟气工况下的密度,kg/m^3;

u_i——旋风分离器的最大进口速度,m/s。

为使 ЦН 型旋风收尘器正常操作并取得较好的收尘效率,其流体阻力与烟气密度的比值应控制在 539 ~ 735 m^2/s^2的范围内。

图 13-6 是计算 ЦН 型旋风收尘器的列线图。例如,当给定 D_0、ΔP 和 ρ 时,根据 $\Delta P/\rho$ 对应直线和筒体直径曲线的交点 C 作水平线,与选用的型号曲线交于点 B,再通过点 B 作垂线与横坐标交于点 A,该参数即为给定条件下所选旋风收尘器的处理能力 Q。同样,也可查到图中的直径、阻力、型号等其他参数。

图 13-7 是 ЦН 型旋风收尘器处理气体流量与流体阻力关系的列线图。利用此图很容易查到 ЦН 型旋风收尘器的处理量和流体阻力。例如,密度为 $\rho=0.6\ kg/m^3$ 的烟气采用不带蜗壳的 ЦН-24 型旋风收尘器处理,筒体直径 D_0 为 0.8 m,流体阻力 $\Delta P=600$ Pa,试确定该设备的处理量。先在图 13-7 中不带蜗壳的旋风收尘器流体阻力的垂直标尺上取 $\Delta P=600$ Pa 的点,从该点引水平线与 ЦН-24 线相交于点 a,从点 a 向上引垂线与气体密度 $\rho=0.6\ kg/m^3$ 的线交于点 b,从点 b 引水平线与筒体直径 $D_0=0.8$ m 的线交于点 c,再从点 c 向下引垂线,其与处理气体流量标尺交点的数值 $Q=9000\ m^3/h$,即为所求的处理量。再如,已知处理烟气流量为 $Q=11000\ m^3/h$,烟气密度 $\rho=1.0\ kg/m^3$,通过筒体直径为 1.2 m 的 ЦН-11 型带蜗壳的旋风收尘器,试确定其流体阻力。利用图 13-7,只需根据给定条件,沿图中粗实线箭头所示的路径 *defg*,在带蜗壳的旋风收尘器阻力标尺上查出对应数值 $\Delta P=800$ Pa,即为所求的结果。

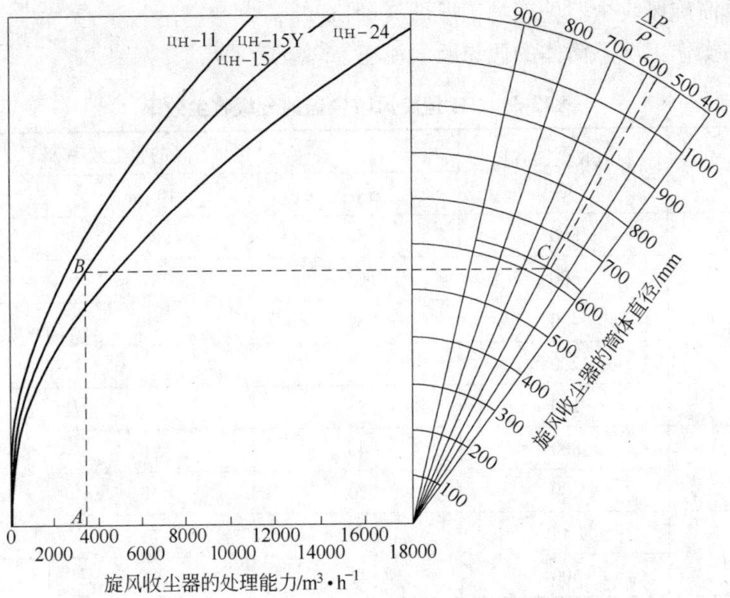

图 13-6　计算 ЦН 型旋风收尘器的列线图

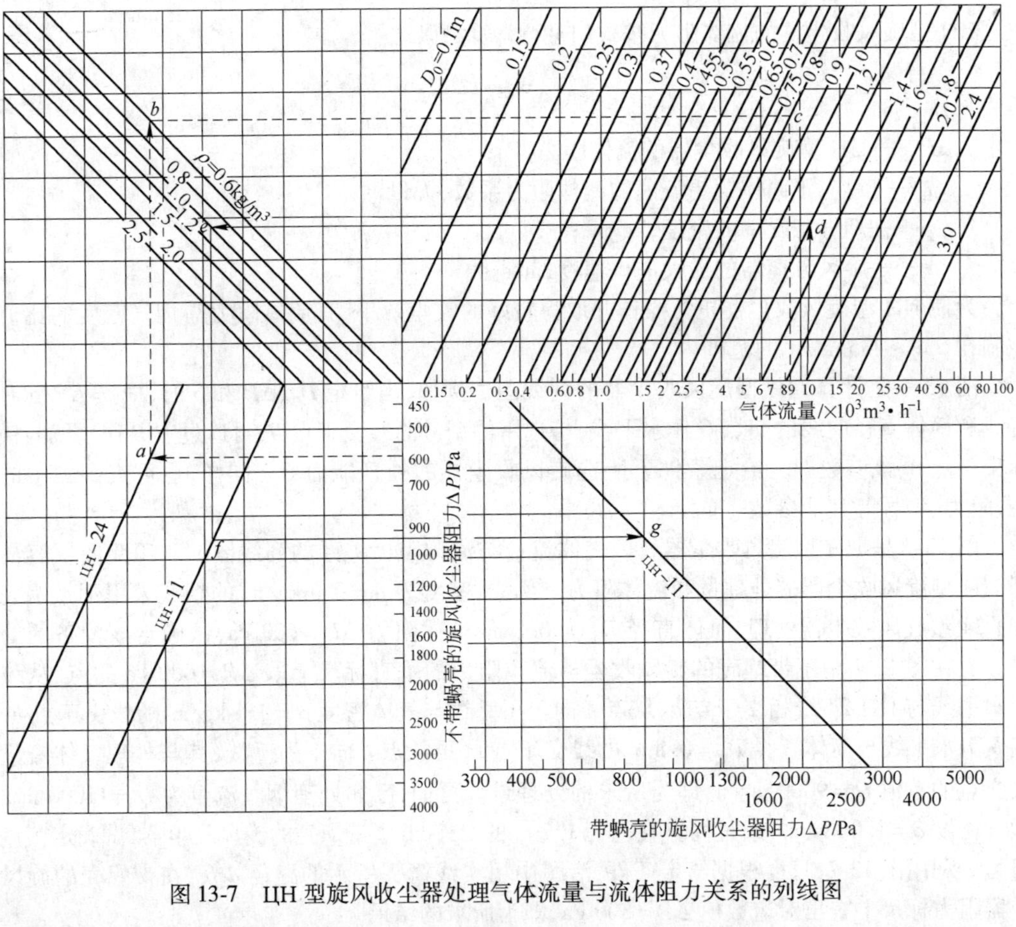

图 13-7　ЦН 型旋风收尘器处理气体流量与流体阻力关系的列线图

ЦH 型旋风收尘器、CLT/A 型旋风收尘器、CLK 型扩散旋风收尘器、XCX 型旋风收尘器、XNX 型旋风收尘器、XZZ 型旋风收尘器、克雷资尔型旋风收尘器、SG 型旋风收尘器、多管旋风收尘器以及旁路旋风收尘器的主要性能参数详见《重有色金属冶炼设计手册：冶炼烟气收尘通用工程常用数据卷》（北京有色冶金设计研究总院等编，冶金工业出版社，1996 年出版），在此不再一一详细介绍。

13.3　收尘设备的设计计算

设计要求：气流中含尘颗粒的密度为2000 kg/m^3，气体流量（标态）为5500 m^3/h，气流的温度为500℃，气流密度$\rho=0.43$ kg/m^3，黏度为3.6×10^{-5} Pa·s。拟采用标准 ЦH 型旋风分离器收尘，已知相应的临界粒径不大于 10 μm，要求压强不超过 700 Pa，试确定旋风分离器的尺寸和台数。

13.3.1　初算

（1）旋风分离器的最大进口速度 u_i 的计算。已知标准型旋风分离器的阻力系数 $\zeta=8.0$，允许压强降 $\Delta P=700$ Pa。根据流体阻力的计算公式 $\Delta P=\zeta\frac{\rho u_i^2}{2}$，可以推导出旋风分离器的最大进口速度 u_i，即：

$$u_i=\sqrt{\frac{2\Delta P}{\zeta\rho}}=20.17\ \text{m/s} \tag{13-3}$$

（2）旋风分离器进口宽度 b 的计算。根据旋风分离器临界粒径的计算公式：

$$d_c=\sqrt{\frac{9\mu b}{\pi N_e u_i(\rho_s-\rho)}} \tag{13-4}$$

式中　d_c——临界粒径，m；

u_i——气体进口流速，m/s；

N_e——气流在旋风收尘器中的有效旋转圈数，一般为 0.5～3.0 圈，对标准旋风收尘器取 5 圈；

b——旋风收尘器进口宽度，m；

ρ_s——含尘颗粒的密度，kg/m^3；

ρ——气体的密度，kg/m^3；

μ——气体的黏度，Pa·s。

按照要求的分离效率，临界粒径 d_c 不大于 10 μm，而气流回转圈数 $N_e=5$ 圈，求得旋风收尘器进口宽度 b 为：

$$b=\frac{\pi N_e u_i(\rho_s-\rho)d_c^2}{9\mu}=0.195\ \text{m} \tag{13-5}$$

（3）旋风收尘器筒体内径 D_0 的计算。根据表 13-2 所示 ЦH 型旋风收尘器的尺寸比例得知，旋风收尘器筒体内径 D_0 与进气管宽度（入口宽度）b 一般满足 $b=0.26D_0$ 的关系，即得 $D_0=0.75$ m。

（4）旋风收尘器台数 n 的计算。根据表 13-2 所示 ЦH 型旋风收尘器的尺寸比例得知，旋风收尘器筒体内径 D_0 与进气管高度 a 一般满足 $a=0.66D_0$ 的关系，即得 $a=0.495$ m。则一台旋风收尘器的处理量为：

$$Q_s'=abu_i=1.947\ \text{m}^3/\text{s} \tag{13-6}$$

在实际工况条件下，含尘气体的总流量 Q_s 为：

$$Q_s = \frac{5500}{3600} \times \frac{273 + t}{273} = \frac{5500}{3600} \times \frac{273 + 500}{273} = 4.326\ \mathrm{m^3/s} \tag{13-7}$$

因此,所需旋风收尘器的台数为:$n = \frac{Q_s}{Q'_s} = 2.2$ 台

初算结果表明,满足处理量和压强降要求的旋风分离器为两台以上筒体内径 D_0 小于 0.75 m 的标准 ЦН 型旋风收尘器。因此,决定采用 4 台并联操作的旋风收尘器进行处理。

13.3.2　复算

(1) 旋风收尘器设备的选取。参照《重有色金属冶炼设计手册》中 ЦН-15 型收尘器尺寸及重量(四筒)表(见表 13-4)及 ЦН-15 型旋风收尘器处理能力表(见表 13-5),本设计选取型号为 ЦН-15-4×650 的标准旋风收尘器。

表 13-4　ЦН-15 型旋风收尘器尺寸(mm)及重量(四筒)

型　号	H_1 /mm	H_2 /mm	D_0 /mm	A /mm	B /mm	C /mm	E /mm	F /mm	M /mm	A_1 /mm	B_1 /mm	a_1 /mm	b_1 /mm	a_2 /mm	b_2 /mm	重量 /kg
ЦН-15-4×400	1240	1951	400	1264	1080	246	300	441	250	664	480	280	478	256	478	1522
ЦН-15-4×450	1403	2176	450	1445	1205	276	350	481	250	740	530	313	540	286	540	1660
ЦН-15-4×500	1565	2403	500	1568	1330	308	350	526	250	818	580	346	594	316	594	2231
ЦН-15-4×550	1769	2630	550	1719	1455	338	350	556	250	894	630	379	646	346	646	2486
ЦН-15-4×600	1762	2857	600	1872	1580	368	400	595	400	992	680	412	700	376	700	3095
ЦН-15-4×650	1926	3084	650	2026	1705	398	400	633	400	1050	730	445	754	406	754	3788
ЦН-15-4×700	2088	3311	700	2176	1830	428	500	672	400	1126	780	478	806	436	806	4225
ЦН-15-4×750	2253	3538	750	2328	1956	458	500	710	400	1202	830	511	858	466	858	4830
ЦН-15-4×800	2415	3765	800	2480	2080	488	500	749	400	1280	880	544	912	496	912	5222

注:表中各符号的含义见图 13-8。

表 13-5　ЦН-15 型旋风收尘器处理能力表　　　　($\mathrm{m^3/h}$)

型　号	上行－筒体断面流速/$\mathrm{m \cdot s^{-1}}$ 下行－进口流速/$\mathrm{m \cdot s^{-1}}$			
	$\frac{2.5}{12.6}$	$\frac{3.0}{15.1}$	$\frac{3.5}{17.6}$	$\frac{3.8}{19.1}$
ЦН-15-4×400	4524	5428	6334	6876
ЦН-15-4×450	5726	6871	8016	8703
ЦН-15-4×500	7668	8482	9896	11744
ЦН-15-4×550	8552	10264	11974	13000
ЦН-15-4×600	10179	12214	14250	13472
ЦН-15-4×650	11946	14335	16724	18158
ЦН-15-4×700	13854	16625	19396	21095
ЦН-15-4×750	15904	19085	22266	24175
ЦН-15-4×800	18096	21715	25334	27505

(2) ЦН-15-4×650 型旋风收尘器的主要参数。其中已知:$D_0 = 650$ mm,$u_i = 19.1$ m/s 时的处理量为 18158 $\mathrm{m^3/h}$。

所以每个旋风分离器的处理量为:$Q'_s = \frac{18158}{4 \times 3600} = 1.26\ \mathrm{m^3/s}$

校核压强降:$\Delta P = \zeta \cdot \frac{\rho u_i^2}{2} = 627\ \mathrm{Pa} < 700\ \mathrm{Pa}$,因此满足工艺要求。

校核临界粒度:根据选定的圆筒内径 D_0 计算出 $b = 0.26D_0 = 0.169$ m,可据此计算此时的临界粒度为:

$$d_c = \sqrt{\frac{9\mu b}{\pi N_e u_i (\rho_s - \rho)}} = 9.55\ \mu m < 10\ \mu m \qquad (13\text{-}8)$$

因此也满足工艺要求。

根据以上复算，选取 ЦH-15-4×650 型旋风收尘器，即采用四台标准型旋风分离器并联操作可以满足要求，其工艺尺寸列于表 13-6 中。

表 13-6 ЦH-15-4×650 型旋风收尘器(四筒)的工艺尺寸

名 称	尺 寸	名 称	尺 寸
H_1/mm	1926	A_1/mm	1050
H_2/mm	3084	B_1/mm	730
D_0/mm	650	a_1/mm	445
A/mm	2026	b_1/mm	754
B/mm	1706	a_2/mm	406
C/mm	398	b_2/mm	754
E/mm	400	重量/kg	3788
F/mm	633	总流量/$m^3 \cdot h^{-1}$	18158
M/mm	400		

另外，根据表 13-2 ЦH 型旋风收尘器尺寸比例可计算出其他工艺尺寸为：出口管内径 D_1 = 390 mm，排灰口内径 D_2 = 228 mm，进气管长度 l = 390 mm，旋风收尘器中线直径 D_P = 520 mm，进气管与水平面倾角 $\alpha = 15°$，排气管插入深度 S = 936 mm。

ЦH-15-4×650 型旋风收尘器(四筒)的设计图，如图 13-8 所示。

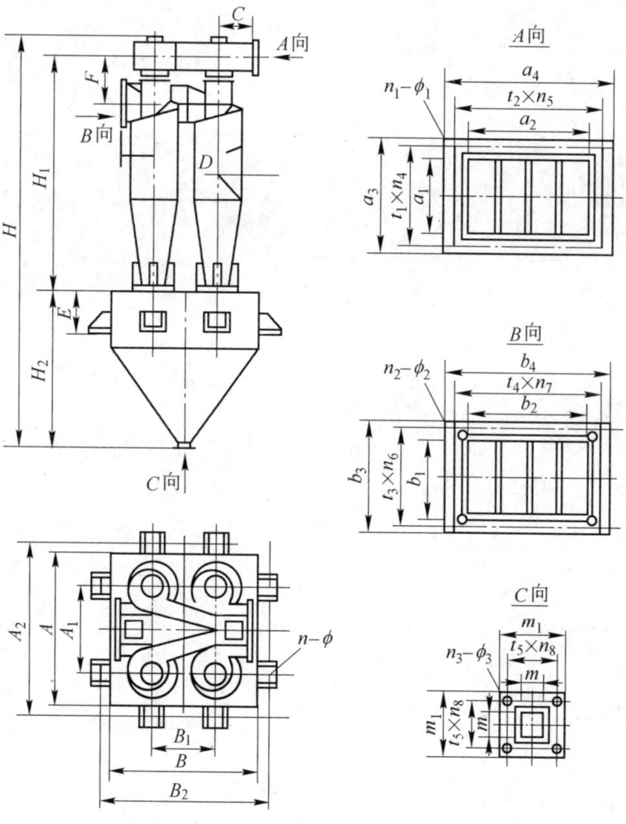

图 13-8 ЦH-15-4×650 型旋风收尘器(四筒)的设计图

图 13-8 中，左上视图为四筒旋风收尘器的主视图，可以看出进风、出风、旋风段、集灰斗和安装支座的位置；左下视图为四筒旋风收尘器的俯视图，可以看出四管旋风的组合分布；A 向可看气流出口的分布，B 向可看气流入口的分布，C 向可看集灰斗口的连接。图中未在文中出现的符号为厂家提供安装的尺寸符号，厂家可以提供每个型号相应的安装尺寸。

参 考 文 献

[1] 云正宽．冶金工程设计工艺设计(第二册)[M]．北京:冶金工业出版社,2006.

[2] 张钺．新型带式输送机设计手册[M]．北京：冶金工业出版社, 2003.

[3] [美]输送设备制造商协会联合会．散状物料带式输送机[M]．北京：机械工业出版社,2001.

[4] 化工部会同有关部门共同修订,GB 50050—1995 工业循环冷却水处理设计规范[S]．北京:中国计划出版社,1995.

[5] 吴毅,徐海燕．冷却水循环系统——中频电炉设计和使用中不可忽视的环节．中国铸造装备与技术[J],2004(4):61～62.

[6] 梅炽．有色冶金炉设计手册[M]．北京：冶金工业出版社,2001.

[7] 卢焕章等．石油冶金基础数据手册[M]．北京:化学工业出版社,1982.

[8] 长沙黑色冶金矿山设计研究院．烧结设计手册[M]．北京：冶金工业出版社,2008.

[9] 重有色金属冶炼设计手册编委会．重有色金属冶炼设计手册——冶炼烟气收尘、通用工程、常用数据卷[M]．北京：冶金工业出版社,2008.

[10] 刘道德．化工设备的选择与工艺设计[M],长沙:中南工业大学出版社,1992.